少年漫游传统文化

我们的节气

三耳秀才◎著　蒋恬力◎插画

浙江人民出版社

春的小使者

赵小燕　学习委员　大夏小学601班

守护神: 春神句芒

昵　称: 小燕子

星　座: 双鱼座

性　格: 活泼伶俐，乐天派

口头禅: 天天乐观，天天乐翻。

座右铭: 实现小目标，就要飘一飘。

三耳秀才

夏的小使者

钱壮壮　班长　大夏小学505班

守护神: 夏神祝融

昵　称: 小胖墩儿

星　座: 金牛座

性　格: 沉稳羞涩，公认的"别人家的孩子"

口头禅: 要想壮，先吃胖，没有精神出洋相。

座右铭: 向下扎根，向上生长，我是中华好男儿！

孙湉湉 文体委员 大夏小学601班

守护神: 秋神蓐收

昵　称: 小吃货

星　座: 处女座

性　格: 恬静贴心，进入毕业班后有点忧郁

口头禅: 读书就是引体向上，不努力就是自由落体。

座右铭: 读书如秋日登山，风光在路上，境界在山顶。

秋的小使者

性　　格: 幽默、善良、"孩子王"

职　　业: 节气作家、非遗传承人

家庭成员: 妻子，女儿赵小燕，儿子李大力

口 头 禅: 讲节气，就得意，四季流转天地气。

座 右 铭: 小作家留痕，大作家留名。作家就是赢家。

李大力 小组长 大夏小学505班

守护神: 冬神禺强

昵　称: 熊孩子

星　座: 摩羯座

性　格: 好学调皮，急性子

口头禅: 上课淘宝，下课淘气，中国少年淘未来。

座右铭: 少年强则国强！

给小小少年的中国时间哲学

目 录
CONTENTS

立春

春天来啦！很想念它！

我喜欢的节们节气，立春，就是洲人生的家

我喜欢节气小百科，立春习来知，那就是节气象人。

小百科

春季的第一个节气

太阳到达黄经315度

公历2月4日前后

节气三候

一候东风解冻

二候蛰虫始振

三候鱼陟负冰

习俗

糊春牛、打春牛

吃春饼、春卷

咬春（萝卜等）

迎春神句芒

故事传说

嘉庆耕田

二十四节气思维导图之立春

立春：立春的牛，最牛

"万事开头难！"

三耳秀才在自己的书斋"五更涵"里呆坐了好久，自言自语着"万事开头难"。又过了一会，突然站起身，扶着门框，大声喊："二宝，你俩过来，到爸爸这里来！"

姐姐赵小燕和弟弟李大力进了书房，三耳秀才坐在书桌前，严肃地说道："爸爸有个新的写作计划，是关于中国传统节气的。一年有四季，每季六个节气，爸爸想让你们化身节气的小使者，跟随我踩着节气的时间点，来一场传统文化漫游，演绎这一年的时光，每个节气都有一个沉浸式故事，有兴趣吗？"

"爸爸，就我和弟弟吗？"

"你们不是有两个好朋友吗，我们邀请孙湉湉和钱壮壮也加入。你们四个小使者轮流'值班'，依次站'C位'。好不好？"

"我是小燕子，那我在春天喽！"赵小燕说道。

"看来，我，大约在冬季。"李大力闪了一下眼睛接着说道，"在春天，没我什么事吧？！"

三耳秀才继续说道："你们每个小使者都有一个守护神。在春天，春神句芒就是小燕子的守护神。而李大力，你这个熊孩子，

守护神就是冬神玄冥。夏神呢是祝融，秋神就是蓐收啦！"

"爸爸，我们的守护神，守护我们什么？"熊孩子问道。

"春生，夏长，秋收，冬藏。简单来说，春神守护我们生好，夏神守护我们长好，秋神守护我们收好，冬神守护我们藏好。小燕子呀，春神句芒主管万物生长的。你，沉浸在春天的故事里，当一个大主角。句芒就守护你健健康康，快乐生长！"

小燕子乐了。

就这样，在五更涵书斋，三耳秀才带着小燕子和熊孩子，开始了春天旅行的第一站：立春。

中国人做一件事特别注重开好头。作为作家，就要会写、会讲。这一天，三耳秀才给两个孩子讲的是牛。他说，中国很早就驯服了野牛。不过，牛最初的大作用是祭祀，不是用来耕田的。比如"牺""牲"，都是祭品。不难发现，它们都是"牛"字旁。接下来，三耳秀才话头一转，对两个孩子说："把牛赶到房子里去，加个宝盖头'宀'，是个什么字？"

小燕子立马回答："'牢'字呀。爸爸，你说牛，怎么扯到牢狱那里去了呢？"

"哈哈哈，牢，最初可不是用来关人的，而是关牛的。"

"关牛的呀！现在还关牛吗？"熊孩子李大力和小燕子都笑了起来。

3

"嘿嘿，现在关牛的叫牛棚。牛，可是我们中国人最早驯服的动物之一。把野牛关起来鞭打训练，时间长了，野牛就听话了。这就叫驯服。"

熊孩子眼珠一转，张嘴问道："这，不是和你们大人管教我们一个样吗？"

作家当然不怕被孩子问。他说道："那可不一样。对动物，叫驯服。对孩子，我们说的是教化。再说，现在，爸爸妈妈对你们爱都爱不过来，怎么会舍得打骂哟！"

小燕子撇了撇小嘴："不打不骂，有时比打骂更厉害。爸爸，你继续说牛吧。"

"经过长期的打和骂，慢慢地，野牛就变成了家牛。至于'牢'字，变成了关犯人的牢房的牢，那是文字意义演化造成的。"

"原来如此——呀！"熊孩子恍然大悟的样子。

"说了古人驯服牛，我再跟你们讲一讲祭祀。祭祀，可是古人生活中的大事。用牛来祭祀，这祭品叫大牢。这样的祭祀，档次最高，只有天子和诸侯才可以。当然，天子的大牢最多。"

讲到这里，小燕子有点不耐烦了，问："爸爸，你讲了半天牛，这和立春有什么关系？"

三耳秀才微笑了一下，说："我们中华民族以农为本，立春，现在还有'鞭打春牛'的习俗。这里有'牛'吧？在古代，立春时节还有一个超级大的仪式，里面也有'牛'的。"

"什么仪式?"

"耕耤(jiè)礼(也写作'耕藉礼')。就是每年春耕前,天子、诸侯亲自下田干一会农活。这一制度在西周时就有了。"

"皇帝也要亲自干吗?"小燕子吃惊道。

"对呀。不过这更多是一种礼仪,完成一个仪式,不用真的干活,目的是劝农,祈祷来年多收粮食啦。"

"这里面有故事吗?"熊孩子追问道。

"有一年立春,清朝的嘉庆皇帝,就是干掉和珅——历史上非常有名的大贪官——的那位。这之前,我先给你们科普一下'一亩三分地'和'三推三返'。"

"什么三分地?"

"'一亩三分地',是皇帝行耕耤礼所用的一小块地。后来,'一亩三分地'的用途扩大了,也可以用在普通人身上,变成'个人小地盘'的意思了。小燕子,老师给你们布置作业,你们要把作业写到本子上,你的作业本是不是你的'一亩三分地'呀?哈哈哈,好好耕作你的责任田哟!"

"那,爸爸,'三推三返'是什么?"

"天子耕田,得有很多人陪着,天子只是在'一亩三分地'上'三推三返'即可。具体说,就是农人赶牛拉牛,嘉庆皇帝只需护着犁的把手,在地里来回三趟就行了。"

"我们做作业,如果也可以这样'三推三返'就好了。"熊孩

子做了个鬼脸。

"你个熊孩子,就知道偷懒。嘉庆二十年,那牛不听话,发脾气,犟了起来,先是不入套,后来好不容易入了套,又不按规定的路线走。仪式勉强完成后,轮到嘉庆皇帝发牛脾气了。"

"高高在上的皇帝也发起牛脾气来了,哈哈,跟爸爸妈妈发脾气一样吧?"熊孩子嘿嘿笑起来。

"好个嘉庆,当场发威,相关的官员就地免职。一年以后,有人为被罢免的那几个官员求情,一开始,嘉庆皇帝也同意了让他们官复原职。可是没两天,他就变卦了。"

小燕子用手往自己脸上比画,学了一下川剧变脸,说道:"皇帝怎么也说变就变?"

"可能是皇帝的牛脾气更大吧,一年时间也消不了气。嘉庆变卦了,官复原职的圣旨追回来,求情的人扣奖金,钦此!"说到这里,三耳秀才学电视剧里太监宣布诏书。

"皇帝的牛脾气,威力超级大呀!"

"总之,立春的牛,是不是最牛?"三耳秀才说了这句,觉得不过瘾,接着说道,"总之,孩子们,你们要记住:*少年要有牛精神,少年不犯牛脾气!*

趣味小拓展

小燕子：爸爸，你为什么叫三耳秀才？

三耳秀才：你瞧，眼镜有两条细腿，两条细腿得搭在左右两边耳朵上。嘿嘿，这样一来，我的耳朵可就不够用啦！我得弄一个新耳朵呀。

小燕子：爸爸，说人话！

三耳秀才：我们每个人都有两个耳朵，也都有一个大毛病——"左耳朵进右耳朵出"。所以，我想改掉这个毛病，就弄出一个新耳朵来。这样说，懂了吧？！

小燕子：亲爱的爸爸，真有你的！

雨水

泥土有滋有味，冬笋长高了。

我的节气小目标

用过年收到的红包，
买一把喜欢的花雨伞。

故事传说

雨师赤松子

习俗

元宵灯会
放烟火
占稻色

小百科

春季的第二个节气
太阳到达黄经330度
公历2月19日前后

我喜欢的好词好句

小雨嘀咕，每一滴的
远方都是大海。

节气三候

一候獭祭鱼
二候鸿雁来
三候草木萌动

二十四节气思维导图之雨水

雨水：我们得请哪尊神

米来大广场，是宝山这座江南城市的大客厅。正月里，三耳秀才早早跟小燕子、熊孩子讲好，春天旅行的第二站就选在这里。

到了约定的这一天，贪玩的熊孩子早就不见人影，小燕子说："爸爸，他肯定和他的好伙伴钱壮壮玩去了。哼！我们不带他玩。"

"爸爸，下着雨，我们还要去吗？"刚出门，小燕子也不情愿了，好几次表达了不耐烦，"我讨厌下雨，不出去行吗，爸爸？"

见爸爸没有接她的话，小燕子也没招，走了一会，小燕子转变话题："爸爸，宝山的大客厅，为什么取'米来'这个名字呀？"

"米来，米来，就是大米有的是，来呀来。米来大广场，就是这个寓意。"

"用大米来做名字，有点土，不够时尚呀。"

"莎士比亚笔下的人物哈姆雷特说，生存还是死亡，这就是一个问题。To be, or not to be: that is the question。自古以来，小到一个家庭，大到一个国家，粮食是事关百姓生死存亡的最大的问题。在中国，这里的粮食，排名第一的就是大米。有趣吧？其实，大米的米粒并不大，可是，我们把它叫的是大——米。"

"哈哈哈，大米，原来是大——米呀！"

　　三耳秀才和小燕子是坐地铁到达米来大广场的。出了地铁，外面的雨有点大，冷风一阵阵吹过来，小燕子的新衣服上溅上了几个泥点，心情一下又低沉下来，声音也带着不耐烦："爸爸，我说不要出来，你非要出来。老天讨厌，爸爸也讨厌，讨厌讨厌真讨厌！"

　　三耳秀才轻声安抚："小燕子，我们去奶茶店坐一坐。"

　　到了奶茶店，三耳秀才给小燕子点了一大杯热奶茶。热奶茶下肚，暖和了些，小燕子的情绪也稳定下来。这时，三耳秀才缓缓开口："春天下雨，多好呀！小燕子！你可知道：春天来了，春雨贵如油哟！？"

　　三耳秀才又说道："没有什么不开心是一杯奶茶解决不了的。解决了不开心，爸爸再认真跟你聊一聊讨厌这个大问题。"

　　"爸爸，什么讨厌大问题？"

　　"小燕子呀！一路上，你说了好多讨厌，最后，连爸爸也被讨厌上了。这就是讨厌大问题，这就是你的大问题！"

　　"多说讨厌，就不好？"

　　"是的。每个人都会碰到不如意的事的，抱怨一下是心理上的一次放松，没问题的。但是，开口就抱怨，抱怨多了就变成习惯，这习惯，可是很容易累积负能量的，负能量多了，可是会爆炸的哟——嘣！"

　　"我是小燕子呀，天天乐观，天天乐翻。一点点小抱怨不会

形成坏习惯的。放心吧爸爸！"

"那就好。可你也要记住，抱怨要有一个度。生活中学习上，**抱怨一次，就得停止**。记牢了吗？"

看到小燕子连连点头，秀才爸爸又说道："你往外看看，有了雨，音乐灯光秀感觉如何？"

"爸爸你这一提醒，还真是的。广场放的音乐很好听，雨中的灯光也很好看。"

在米来大广场东转转、西转转，玩得差不多了，三耳秀才对小燕子说："今天，我可有很重要的课要跟你讲哟！"

"爸爸，我知道，你肯定是讲雨水。可是，雨水有什么讲头？"

"当然有讲头。雨水可不那么简单。年头看雨水，雨水是春天的生长剂和催化剂；年末看雨水，雨水是百业兴旺的前提和象征。总之，有了水，地球才有了生命，有了人类，有了神。"

"还有神？"小燕子问道。

"有的，还不止一个。"说到这里，秀才爸爸从包里拿出一本书，继续说道，"为了给你讲雨水，爸爸还专门做了准备。你看，就是这本书，《搜神记》。"

"爸爸呀，不要掉书袋了，你直接说故事吧！"

"那就太简单了，《搜神记》上说，有一

尊神是管雨水的。这尊神叫雨师赤松子！"

"秀才爸爸，我们在电视上看到的，雷电中一条龙张开大嘴，管下雨的，不是这位东海龙王吗？"

"管下雨的，有东海龙王，有赤松子，还有河伯。课文《西门豹治邺》那里面，就是河伯。"

"这么多的神，他们不打架吗？老百姓求雨，求哪一位好呢？"

顺着小燕子的疑问，三耳秀才笑着说道："你放心好了。每个地方都有自己的小传统，都有自己信奉的神。不过嘛，一般遵循的是就近原则。比如，《西门豹治邺》里，求的是当地一条河的神，河伯。"

"这么多神，我还真搞不清楚。"

"这些神话里的神仙，皆是无中生有、虚中有实的，代表了民众的一种朴素愿望。说到求雨求神，汪曾祺先生有一篇好文章《求雨》，爸爸带你一起阅读吧！"

求　雨

昆明栽秧时节通常是不缺雨的。……但是偶尔也有那样的年月，雨季来晚了，缺水，栽不下秧。今年就是这样。因为通常不缺雨水，这里的农民都不预备龙骨水车。他们用一个戽斗，扯动着两边的绳子，从小河里把浑浊的泥浆一点一点地浇进育苗的秧田里。但是这一点点水，只能保住秧苗不枯死，不能靠它插秧。

秧苗已经长得过长了，再不插就不行了。然而稻田里却是干干的。整得平平的田面，晒得结了一层薄壳，裂成一道一道细缝。多少人仰起头来看天，一天看多少次。然而天蓝得要命。天的颜色把人的眼睛都映蓝了。雨呀，你怎么还不下呀！雨呀，雨呀！

望儿也抬头望天。望儿看看爸爸和妈妈，他看见他们的眼睛是蓝的。望儿的眼睛也是蓝的。他低头看地，他看见稻田里的泥面上有一道一道螺蛳爬过的痕迹。望儿想了一个主意：求雨。望儿昨天看见邻村的孩子求雨，他就想过：我们也求雨。

他把村里的孩子都叫在一起，找出一套小锣小鼓，就出发了。

一共十几个孩子，大的十来岁，最小的一个才六岁。这是一个枯瘦、褴褛、有些污脏的，然而却是神圣的队伍。他们头上戴着柳条编成的帽圈，敲着不成节拍的、单调的小锣小鼓：冬冬当，冬冬当……他们走得很慢。走一段，敲锣的望儿把锣槌一举，他们就唱起来：小小儿童哭哀哀，撒下秧苗不得栽。巴望老天下大雨，乌风暴雨一起来。

调子是非常简单的，只是按照昆明话把字音拉长了念出来。他们的声音是凄苦的，虔诚的。这些孩子都没有读过书。他们有人模模糊糊地听说过有个玉皇大帝，还有个龙王，龙王是管下雨的。但是大部分孩子连玉皇大帝和龙王也不知道。他们只知道天，天是无常的。它有时对人很好，有时却是无情的，它的心很狠。他们要用他们的声音感动天，让它下雨。

他们戴着柳条圈，敲着小锣小鼓，歌唱着，走在昆明的街上。

小小儿童哭哀哀，撒下秧苗不得栽。巴望老天下大雨，乌风暴雨一起来。

过路的行人放慢了脚步，或者干脆停下来，看着这支幼小的、褴褛的队伍。他们的眼睛也是蓝的。

望儿的村子在白马庙的北边。他们从大西门，一直走过华山西路、金碧路，又从城东的公路上走回来。

他们走得很累了，他们都还很小。就着泡辣子，吃了两碗包谷饭，就都爬到床上睡了。一睡就睡着了。

半夜里，望儿叫一个炸雷惊醒了。接着，他听见屋瓦上噼噼啪啪的声音。过了一会，他才意识过来：下雨了！他大声喊起来："爸！妈！下雨啦！"

他爸他妈都已经起来了，他们到外面去看雨去了。他们进屋来了。他们披着蓑衣，戴着斗笠。斗笠和蓑衣上滴着水。"下雨了！"

妈妈把油灯点起来，一屋子都是灯光。灯光映在妈妈的眼睛里。妈妈的眼睛好黑，好亮。爸爸烧了一杆叶子烟，叶子烟的火光映在爸爸的脸上，也映在他的眼睛里。

第二天，插秧了！

全村的男女老少都出来了，到处都是人。

望儿相信，这雨是他们求下来的。

小燕子看文章看得入了神。

三耳秀才说道:"汪曾祺的《求雨》,语言简单吧?看似随手写来,其实有大讲究。比如,那小孩望儿,就代表汪曾祺的一种美好愿望,永远有一颗童心,永远有一份悲悯。"

言不尽意,三耳秀才又说:"这就是文学的力量,这就是文字的美妙!所以,雨水,可不仅仅是几滴雨、几滴水哟!"

趣味小拓展

赵小燕:湉湉小吃货,脑筋急转弯,请问,大米的妈妈是谁?

孙湉湉:我知道是花。因为,花生米。

赵小燕:那么,你知道大米的妈妈,是哪一天生的大米吗?

孙湉湉:还有这一问哟,我不知道。是哪一天?

赵小燕:大米的生日跟我同一天,是农历正月初八。

孙湉湉:你瞎编的吧?

赵小燕:才不是呢。我爸爸说,民间的这类说法,都有内在的逻辑。正月初七是人日,就是地球上有了人类。地球上有了人,不得吃东西吗?这样,大米也出生了。所以这一日,也叫"谷日",也叫"八仙节""顺星节"哟。

(注:大米的生日在民间还有农历八月二十四的说法)

惊蛰

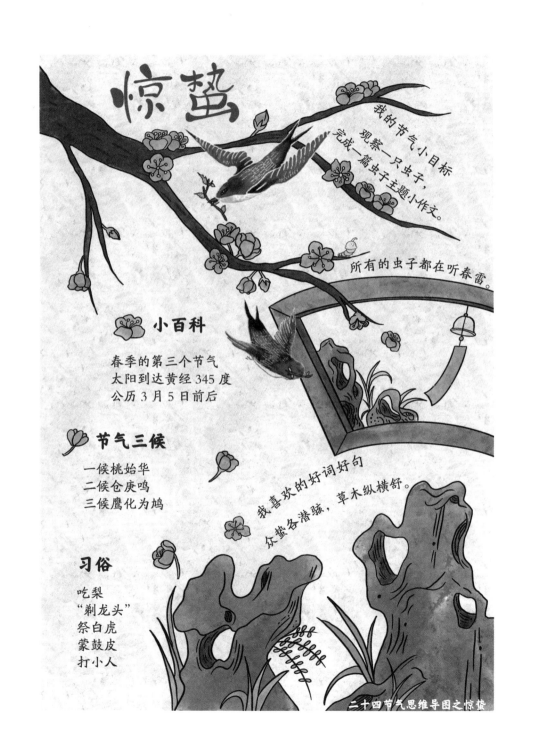

我的节气小目标
现察一只虫子，
完成一篇虫子主题小作文。

所有的虫子都在听春雷。

小百科

春季的第三个节气
太阳到达黄经 345 度
公历 3 月 5 日前后

节气三候

一候桃始华
二候仓庚鸣
三候鹰化为鸠

我喜欢的好词好句

众蛰各潜骇，草木纵横舒。

习俗

吃梨
"剃龙头"
祭白虎
蒙鼓皮
打小人

二十四节气思维导图之惊蛰

惊蛰："小虫子"总动员

"迎接春天，小虫子总动员"，一见这海报，赵小燕就动心了。告诉爸妈一声，便带着弟弟李大力，去见识"小虫子总动员"读书分享会上到底有什么节目。

这天晚上，姐弟两人坐地铁来到三字经书店，"迎接春天，小虫子总动员"活动就在书店的一楼大堂里举行。

两人一进大堂，就看到每张桌子上都有梨。有的盘子里叠放的是四只大梨，有的盘子里，是切成了一小块一小块的梨。

活动已经开始了，小燕子和熊孩子找好座位，认真倾听。

台上的老师说："今天是惊蛰，春季的第三个节气，有没有觉得春天的气息越来越浓了呢？另外，大家知道为什么今天活动的主题是'小虫子'吗？惊蛰，就是大自然一声号令，把各种各样的小虫子们都叫醒了，它们伸伸懒腰，要起床干活了。大家看到左边的展板了吗？"老师指了指左手边的宣传展板，"这个'蛰虫闹春排行榜'是我市园艺学会的专家舒老师的创意。所谓大自然的号令，就是一声闷闷的春雷。昨天下午天边滚过一次响雷，轰——拖了很长的尾音，你们听到了吗？如果你们也听到了，那就说明，我们在座的每一个人，都是小虫子。是的，在这里，我

蛰虫闹春排行榜

1. 蚂蚁。春天气温一回暖，它们就会出来寻找食物，蚂蚁本身是可以越冬的。

2. 马陆。食物简单，它们吃腐烂的枯枝烂叶，冬天常躲在比较厚的枯叶堆下，气温高了就出来繁殖。

3. 蜘蛛。可越冬，春季回暖出来织网，伺机捕猎虫子。

4. 蚜虫。蚜虫就喜欢在嫩芽上吸食植物的汁液。

5. 蜜蜂。冬天躲在巢内消耗原来的蜂蜜，一个冬天下来几乎耗尽，所以天气一暖就会出来寻找食物。

们都被比拟成了小虫子，我们都得听大自然的指挥，好不好？！"

"好！"一片叫好声，小燕子也跟着大叫一声。台上的老师笑了一笑，又接着说道：

"大家看到梨了吗？今天，我先讲吃梨。关于吃梨，有两个说法：吃梨，不可以分着吃；吃梨，可以分着吃。

"哈哈，自相矛盾吧？惊蛰这个节气，有一个习俗，就是吃梨。吃个梨子，就意味着和开始闹腾的有害病毒来一个有意义、有仪式感的告别。但是，中国文化讲究团圆，不喜欢分'离'，所以，一个梨一般又不能切成两半分着吃。那怎么办呢？

"我们老祖宗可是很有生活智慧的哟！怎么办？把梨切成一小块一小块，放在盘子里，插上牙签，这样就不算分离了。大家看到桌子上切好的梨了吗？现在，可以开吃啦！"

台上的老师清了清嗓子，又说道："我知道，有些读者晚到了一会，这里，我再次介绍一下我自己。我姓右，叫右耳，是一位教师，也是宝山市首批阅读推广人。今天，我们在这里，隆重地迎接春天，举行'小虫子'总动员活动。动员会上，我们特意准备了一个朗诵的节目，由本市少儿电台实习小主持人来朗读，然后我们一起来做游戏啦！参与就会有奖品哟。"

"小虫子"总动员活动到最后，右耳老师又走上台，做了一个总结，只听她说："我们每个人每年都需要一个春天，每个人在春天都可以唱出自己的歌谣。春天就在我们心里，春天就在我们眼前，可爱的小虫子们，行动吧！"

散场了，小燕子拉着弟弟的手往回走，她心里想，这是一个春天的聚会，老师这一"闹"，"小虫子"们真的都动员起来了。"实现小目标，就要飘一飘"，看来，我也不能偷懒，不然，爸爸能"飘"，我却没法"飘"了！

趣味小拓展

赵小燕：湉湉，大米的妈妈是谁？

孙湉湉：上次你不是问过我吗，是花。因为花生米！

赵小燕：那花的生日是哪一天？

孙湉湉：不要卖关子了，还不是你爸爸告诉你的，快说快说。

赵小燕："二月二，龙抬头"。再过十天，农历二月十二便是百花生日。这一天，也叫"花朝""花朝节"或者"花神节"。

（注：有些地方，花朝节定在农历二月初二，如洛阳。有的地方定在二月十五，如浙江。还有的地方以二月二十五为花朝节，如苏州。有的地方还有大小花朝之分，以二月二为小花朝节，二月十五为大花朝节。《红楼梦》里的花朝节是二月十二。）

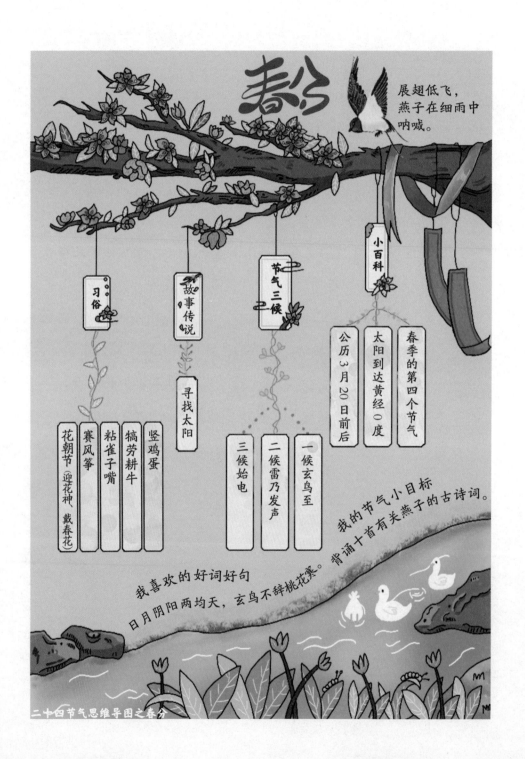

春分

展翅低飞，燕子在细雨中呐喊。

小百科

公历3月20日前后

太阳到达黄经0度

春季的第四个节气

节气三候

一候玄鸟至

二候雷乃发声

三候始电

故事传说

寻找太阳

习俗

竖鸡蛋

犒劳耕牛

粘雀子嘴

赛风筝

花朝节（迎花神、戴春花）

我的节气小目标
背诵十首有关燕子的古诗词。

我喜欢的好词好句
日月阴阳两均天，玄鸟不辞桃花寒。

二十四节气思维导图之春分

春分：最大的敬畏给太阳

"爸爸，你快看，天上有好几个风筝，好漂亮，飞得好高呀！"周末，在宝山市东方红儿童公园内，三耳秀才正带着小燕子玩。

"是的是的，爸爸看到了。"

一大一小两人乐哉乐哉躺在草坪上，小燕子说："爸爸，刚才看到风筝，我突然想到，你从前跟我说过，飘什么来着？"

"这也忘记了！记住啦：实现小目标，就要飘一飘。"

小燕子想起来了，接着说道：实现小目标，就要飘一飘。完成大目标，大功不可骄。人生有阶段，妙法大小挑。人生三境界，境界无我高。爸爸，你还记得你这首打油诗咧！"

"对头，飘，是傲骄，不是骄傲。哈哈哈。"

"爸爸，昨天我们在学校里搞了春分立蛋实验，我是第一个成功的。鸡蛋立起来了，我可高兴啦！"

顺着小燕子的立蛋，三耳秀才讲道："小燕子，春分有立鸡蛋习俗，你可知道，秋分也好立蛋的哟！二十四节气中的二分，太阳直射赤道，白天和夜晚一样长。太阳到达黄经零度和一百八十度。有人讲，这时节，世界是最平衡的，鸡蛋很容易立起来。春分立蛋也好，秋分立蛋也好，都是习俗，是习俗就有习俗的意义

23

了。春分立蛋，庆祝春天的到来，立蛋还有'马上添丁'的象征，表达出了人们敬畏生命、期盼人丁兴旺的传统观念。"

草坪上躺了一会儿，小燕子就闲不住了。她看到公园里好多小朋友往前面走，便拉起爸爸也往人多的地方去。还没走两步他们就看到了小燕子的好朋友——孙湉湉。

三个人走近一看，有好多小风车在转。每个小风车的中心，都有一朵太阳花，而众多有太阳花的小风车，又围成了一个大大的椭圆，椭圆的外围，是一条"四季光阴路"，路上有脚印图案，上面写着字，仔细一看，是二十四节气的名称，从立春到大寒，依次推进，首尾相接。

这是什么呀？小燕子拉着孙湉湉的手，歪着头，很是好奇。再往椭圆的里面看，绿油油的草坪正中心处，有一个大大的红红的太阳，太阳下面，用颜体写着五个大字——"太阳的步伐"。

三耳秀才站在"立春"处仔细打量着。小燕子和孙湉湉沿着"四季光阴路"兴奋地边跑边看，跑累了，又回到三耳秀才身边。这时，三耳秀才说："正好我给你们讲一讲太阳吧。"

三人走到了"春分"处，三耳秀才给小燕子和孙湉湉讲起了太阳的类别和年龄。

原来，太阳是一颗黄矮星。什么是黄矮星？在天文学上的正式名称为 GV 恒星，是光谱形态为 G，发光度为 V 的主序星。其寿命达 100 亿年。目前，太阳已有 45 亿 7 千万岁了。三耳秀才

又回到"太阳的步伐""四季光阴路",说道:"这个主题太好了。我们人类最大的敬畏,就应该给我们的太阳。"

"秀才叔叔,最大的敬畏给太阳,这是什么意思?"孙湉湉礼貌地向三耳秀才发问。

"太阳能,一切皆有可能。我们地球上的能量几乎都是太阳给的,万物生长靠太阳。具体说到二十四节气,它就是中国先人观察太阳,根据太阳的位置来确立的一套独特时空体系。刚才跟小燕子讲到春分时太阳位于黄经零度,其中的黄经,就是中国人标注太阳在太空中的位置。类似于我们地球上的任何一点,我们得用经度和纬度来定位一样。"

"爸爸,二十四节气中,不还有冬至祭天吗?祭天,难道不是祭太阳吗?那才应该是最大的敬畏吧?"

"问得有理!冬至祭天,是帝王家的事,是一种宗教和政治仪式。而春分祭日,代表的是所有百姓的真诚愿望。另外,祭天的天,可以说是人们创造出来的一个概念,天是抽象的。而春分祭日祭的太阳,可是一个客观的存在,很具体吧?"

"爸爸呀,你总在讲很深奥的东西,我现在不想听。春天来了,我要的是飘一飘的东西哟!"

"想要飘一飘,就要更努力呀!越努力才越幸运!"三耳秀才点着小燕子的脑袋说道。

趣味小拓展

孙滹滗：小燕子，二十四个节气持续的天数是不是都一样？

赵小燕：在平气法确定的节气中，节气的时间长度是一样的。

孙滹滗：什么是平气法？

赵小燕：平气法就是把一年的时间平均分为 24 等份。

孙滹滗：还有别的方法吗？

赵小燕：另一种方法也搞"平均"，不过"平均"的是黄道一圈。一圈 360 度，除以 24，便是 15 度。这就是我们现在用的定气法。

孙滹滗：在这种情况下，节气的长短是怎样的？

赵小燕：简单说，长的可以达到 16 天，短的只有 14 天。要特别强调的是，是夏天的节气长哟。我画个图，你一看就明白了。

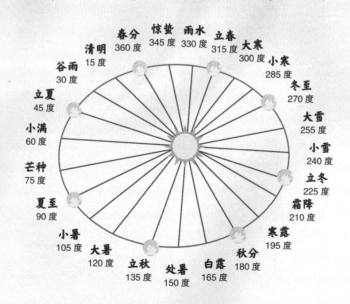

27

我的节气小目标
自己动手学做青团。

习俗
扫墓祭祖
清明踏青
插柳植树
曲水流觞

故事传说
介子推与寒食节

节气三候
一候桐始华
二候田鼠化为鹌
三候虹始见

小百科
公历 4 月 5 日前后
太阳到达黄经 15 度
春季的第五个节气

我喜欢的好词好句

我有一所房子，
面朝大海，
春暖花开。

春天是青色的，从浅到深，各种青。

二十四节气思维导图之清明

清明：介子推跟我们有什么关系

清明，是一个重要的节气。很多人第一个有鲜明印象的节气，就是清明。清明时节，小燕子和李大力跟着爸爸，回到了爸爸的家乡河南信阳市新县祭扫墓。对于节气旅行的第五站，姐弟俩都很兴奋。

新县是革命老区，是河南最南边的一个将军县，清明时节，这里已是"春风又绿"的新气象了，风景很是优美。

"爸爸，怎么今天没下雨呀？"走在山间小路上，小燕子问道。

李大力提着一些爆竹跑在前面，三耳秀才拿着冥纸、镰刀等物，走在中间。三耳秀才被小燕子这一问，有点茫然，回过头来，拉起女儿的手，说道："晴天不好吗，怎么提到下不下雨？"

小燕子得意地说："大诗人杜牧说过，清明时节雨纷纷，路上行人欲断魂……"

三耳秀才笑了，说道："奇妙吧？每到清明，中国人都会念一念这首诗。甚至因为这首诗，人们总觉得清明就是应该下一场春雨的。就算老天爷没降雨，我们中国人的心里，也有一场细雨在飘呀飘呀飘。"

秀才顿了一下，接着说："这就是诗歌的魅力之所在。这样的

诗，寄托了我们的共同情感，道出了我们的共同心声！"

小燕子点了点头，不一会，又停下脚步，再问："爸爸，来给爷爷奶奶上坟，我要不要磕头呀？！"

"到了坟山，磕头当然要的。磕头也要认认真真的哟。跪下后，头碰地，至少磕三个。"

"爸爸，清明是节气，也是节日，这是为什么呢？"

"节日的清明是在历史中慢慢形成的。大体说来，寒食节和上巳节，慢慢与节气清明合并，就形成了节日清明。"

"那寒食节又是什么节？"

"古代，在清明前一段日子里，人们会先禁火，到清明节再起火，这就叫新火。那么禁火期间，人们就只能吃冷的食物，所以有了寒食节。最早，吃寒食的时间太长了，大家都受不了，后来就改了，改成清明节前一天。随着岁月流逝，如今的寒食节已经融入了清明节。"

"看来，传统的东西也在变呀！"

"变是一定的。但不是胡乱变，变也有内在逻辑和规律。介子推的故事，你们知道吗？"

"不知道。介子推是谁？介，也是姓吗？"李大力好奇地问道。

"是的。介，也是姓。介子推是春秋时期的人。有关他和清明的故事，有两种说法。"

在去坟山的路上，三耳秀才带着两个孩子"穿越"到了春秋

战国。

三耳秀才讲的故事很简单：晋国公子重耳逃难，介子推跟随过程中立了大功，但是没有得到赏赐，可能是已经成为晋文公的重耳忘了介子推。介子推也不提，带着他的老母跑到绵山（现山西晋中市介休绵山）去当隐士了。这事，正史《左传》记着呢。

后来，晋文公又想起介子推了，派人到介休绵山去找，没找到。晋文公下令放火烧山，想把介子推逼出来。结果没想到，介子推母子被烧死在一棵大柳树下。

三耳秀才叹了一口气，伤感地说道："晋文公非常悔恨，在山上建了个祠堂纪念介子推。同时，晋文公还下令把放火烧山的那一天定为寒食节，要求全国上下禁火寒食，以寄哀思。

谁知，听了爸爸讲的故事，小燕子却说："爸爸，我们来给爷爷奶奶上坟，你跟我们讲介子推那么久远的一个人，跟我们有什么关系呀？"熊孩子也不解："对呀，跟我们有什么关系呀！"

"这问题问得好。成语'见贤思齐'你们学过没有？介子推就是贤达，我们纪念他，就是思齐。或许你们会追问，那个人做得太好了，我学不来，我就不学了，我就不思齐了，不行吗？暂时学不来没关系，不是还有另一句话吗？'虽不能至，然心向往之。'所以，就是在这样的向往和追求中，形成了我们中国人独特的精、气、神。

寻人
介子推

　　"回到清明节，这个节日的核心意象是'思时之敬'，内涵可丰富了。有小家，比如我们来给爷爷奶奶上坟，就是为了小家。以树根来打比方吧，小家就是小根。有小家，当然会有大家。亲人聚在一起，是大家，叫家族，家族就是大根。我们一整个国家呢，是一个特别特别大的家，叫什么？叫国家。国家就是主根。"

　　小家是小根，家族是大根，国家是主根。 熊孩子李大力机灵地说道。

　　三耳秀才笑了起来，接着说："这就对了。昨天，爸爸带你们到新县烈士陵园，献鲜花一束，那些烈士我们虽然不认识，但是他们是为国家牺牲的，所以我们要纪念，要缅怀。"讲到这里，三耳秀才来了劲头，接着说道："小家、家族、国家，小根、大根和主根，根根连着树的心。如此内心，就是我们中国人特别看重的家国情怀。"

　　介子推的故事讲完了，家国情怀也学习了，给爷爷奶奶上坟也完成了。两个孩子跟着爸爸下山了，一路上高高兴兴。

　　"山上的风景，特别是草木青绿，长得可真是好看呀！"小燕子说道。

　　"对了，这就是清明节的另一项活动——踏青。"

　　熊孩子说："踏青就是春游呗！"

　　"对喽，就是你们最爱的春游。"

趣味小拓展

三耳秀才：小燕子，对你来说，哪个节气最最最重要？

赵小燕：芒种。

三耳秀才：不对。

赵小燕：秋分。秋分是丰收节。

三耳秀才：不对。

赵小燕：到底是什么呀？

三耳秀才：哈哈哈。你把二十四节气猜个遍都猜不对。正确答案——当下的节气。

赵小燕：什么什么？

三耳秀才：因为，只有把握好当下，当下的心情、当下的状态，你才能拥有好心情和好状态，向远方的梦想才能落到实处。

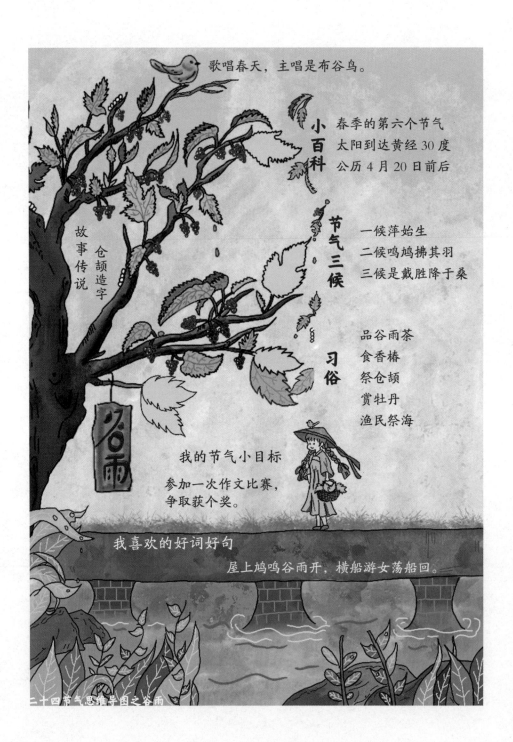

歌唱春天，主唱是布谷鸟。

小百科
春季的第六个节气
太阳到达黄经 30 度
公历 4 月 20 日前后

节气三候
一候萍始生
二候鸣鸠拂其羽
三候是戴胜降于桑

故事传说 仓颉造字

习俗
品谷雨茶
食香椿
祭仓颉
赏牡丹
渔民祭海

谷雨

我的节气小目标
参加一次作文比赛，
争取获个奖。

我喜欢的好词好句
屋上鸠鸣谷雨开，横船游女荡船回。

谷雨：仓颉造字为什么能成功

　　三耳秀才带着赵小燕上了动车，找好座位坐稳，动车也开始快跑。车上无聊，小燕子的小脑袋开始动起来，问题一个接一个。

　　"爸爸，春天旅行最后一站，你带我去洛阳旅游，这和节气有什么关系？"

　　"牡丹，是富贵花，是花中的贵族，我们也叫她'谷雨花'，这不是和节气有了直接的关系？！"

　　动车在平稳行驶，三耳秀才跟小燕子讲起了谷雨和汉字的关系。中华文明史中，文字的出现，是一个很大的标志性事件，汉字就是在谷雨中创造出来的。

　　小燕子觉得很疑惑。立马问道："为什么是在谷雨中创造出来的？"

　　"相传……"三耳秀才刚说了两个字，就被小燕子打断了，"哎呀，你们大人们讲故事总是从'相传'开始！"

　　三耳秀才笑了笑，接着说道："创造文字的人叫仓颉。相传，黄帝时期，仓颉担任左史官。黄帝发现一个大问题：结绳记事法太烦琐了，不足以应对日益复杂的事务。怎么办？他就叫来左史官仓颉，对仓颉说，这是一个大问题，交给你来办，我最放心了，

你要用心哟!"

讲到这里,小燕子抢着说:"爸爸,这些我从书里看到过! 仓颉造字成功时,感动了上天,下起了满天的谷子,把妖魔鬼怪都吓哭了……还有,仓颉一共长着四只眼睛呢!"

三耳秀才笑了,饮了一口热茶:"对了,这就是古籍记载的'天雨粟,鬼夜哭'。那我再讲点你不知道的。春秋战国时期,赵国有一个大学问家,叫荀子。就是他,首先提出仓颉造字。他说的是'好书者众矣,而仓颉独传者'。"

"独传?"小燕子问道,"也就是只有仓颉造的字流传下来吗?"

"这样理解也行。不过呢,一种文字的产生,不可能是一个人的创造。仓颉的功劳,应该是整理大家的造字成果,把文字提升上了一个更高的台阶。"

小燕子接着又问道:"那,爸爸,为什么是仓颉,而不是其他人?"

"你的问题,其实就是仓颉造字为什么能够成功。这个,荀子也给了解释。他说的是'解蔽'。'解蔽'是什么意思呢? 字面是说解除闭塞,以寻求'道'。其实我们现在可以用成功学来解释。"

"成功学?"小燕子有点迷惑。

"小猫钓鱼的寓言故事,你肯定早就读过吧? 那只小猫不专心钓鱼,一会捉蜻蜓,一会扑蝴蝶,就算鱼上钩也早就跑掉了,最终一无所获。

"而仓颉造字，就是专注于造字这一件大事，不像小猫咪三心二意的，所以仓颉成功了，成了'造字圣人'。"

"爸爸，你的解释也太简单了吧！"

"虽然简单，但是意义是一样的。荀子说的解蔽，当然没有这么简单。他说的是，一池水，如果不动，慢慢地，上面清明了，一池水也就干净了。我们做事做人求学问道，如果向这个状态努力，就是**虚壹而静**。这就是成功的密码。这里，我再说一个'相传'。相传，仓颉造字，用了五年时间。虚壹而静，就是仓颉的五年功夫。"

"爸爸，我还是有点不明白。"

"前几天，爸爸参加一个座谈会，有一位专家说了一句话，我觉得用来解释虚壹而静，很生动也很到位。"

"什么话？"

一辈子挑选一件事，一件事做一辈子。

"有点明白了！"小燕子很受启发。

"小燕子，爸爸也要送给你一句话：好好做一件事，心静；长时间做一件事，事成！"

"爸爸威武！爸爸，我也明白了，你除了讲谷雨节气，还想告诉我，做人做事都不容易，也要像仓颉造字那样，虚壹而静！"

"对头。"三耳秀才边说边伸出大拇指。

赵小燕：小吃货，给你猜个脑筋急转弯，春天会下几场雨呢？

孙湉湉：春天下春雨，好多好多场哟。数不清。

赵小燕：这是脑筋急转弯，你再想一想。

孙湉湉：急死人了！你说答案吧。

赵小燕：两场雨啦。在春天六个节气中找"雨"，我们找到的是雨水和谷雨。

赵小燕：小吃货，我再问你一道题，是节日，还放假，但不宜说节日快乐，这是哪个节气？

孙湉湉：哈！这个是送分题——清明。

立夏

这是要火的节奏哟！

故事传说

刘阿斗称重

我的节气小目标

今年斗蛋，我要当年级「蛋王」！

小百科

夏季的第一个节气
太阳到达黄经45度
公历5月5日前后

习俗

官家迎夏
立夏称人
立夏斗蛋
吃五色饭
立夏尝新

节气三候

一候蝼蝈鸣
二候蚯蚓出
三候王瓜生

我喜欢的好词好句

每个人的成长，都是一个传奇。
我，当然也是。

立夏：我是胖老大

　　"在小小的花园里，挖呀挖呀挖……"周末，米发米发社区的花园里，小胖墩钱壮壮正在快乐地哼哼唧唧，熊孩子李大力一下子冲到他的后面，轻推了他一下，嘴里跟着他也哼唱起来："种特别大的种子。开特别大的花。"

　　都住在米发米发，熊孩子和小胖墩儿每次相见，都有说不完的话，打闹个没完，好朋友不就应该这样吗？

　　这次碰到，熊孩子却摆出认真的样子，对钱壮壮说："'挖呀挖'这首歌，我爸爸问过我一个问题：'大和小，种子和花的大小，分别是什么意思？'你说说是什么意思？"

　　钱壮壮马上说："大就是大，小就是小呗！还能有什么意思？"

　　李大力得意地说："不对不对。小小的种子开小小的花，小，是可爱。而大，代表丰收，是荣耀，是夸张！"

　　钱壮壮说："这样说，夏天也是夸张。'挖呀挖呀挖'，春天种下的种子，到了夏天，正在'长呀长呀长'。"

　　就这样，两人边走边闹，来到了小区活动室。活动室里可热闹了，这里正在举行立夏称人活动。

　　社区工作者吴阿太叫小朋友们站好队，一个个上秤。所谓上

秤，就是"钻"进一个大箩筐中，被"悬挂"起来。显然，这杆秤是专为立夏活动新做的大秤。

让小伙伴们更加兴奋的是，吴阿太不知叫谁弄来一个小黑板，小黑板上写着六个大字，"长肉肉排行榜"。

排行榜里，熊孩子排第八位，进入了前十。而小胖墩儿则在榜首，是冠军！这可把小胖墩儿高兴坏了："我是胖老大！"

小朋友中，不知谁叫了一声："胖、老、大！哈哈。大家都在减肥。你当胖老大，不以为耻，反以为荣！"此话一出，全场小朋友们一阵狂笑。这下，小胖墩儿闹了个大红脸。熊孩子拉了拉小胖墩儿，说："我们走吧，不跟他们玩了。"

离开社区活动室，熊孩子邀请小胖墩到他家里去玩。路上碰到了买菜回来的三耳秀才。熊孩子就向爸爸问起胖瘦等一串问题。"爸爸，为什么大家都嘲笑壮壮长肉啊？""现在流行苗条、减肥，什么意思？""立夏称人，又是啥意思？"

三耳秀才笑了笑，耐心解释说："立夏称人，就是鼓励你们长高长大的，一称，不就知道你们现在的斤两了？算提个醒吧，夏天来了，可得好好吃饭呀，这样才能更好地成长。至于现在流行减肥，这和时代审美有关。过去人们生活条件差，能够吃肉长肉肉是一种生活幸福的标志，而现在，人们干体力活儿普遍少了，吃得又好，长了太多肉，都影响身体健康了。慢慢地，人们就转而崇尚起健康的瘦来。"

"还有，随着社会发展，人们的审美观也发生了变化。苗条，过去有弱势这一层意思。如今，却以苗条为美。所以，过去吃肉长肉肉，现在健康减肥肥。"

坐在饭桌前，壮壮向三耳秀才问了一个新问题："秀才老师，可以给我们讲讲刘阿斗称重的故事吗？"

"刘阿斗称重是一个民间传说。相传，诸葛亮七擒孟获后，孟获真心服了诸葛亮，从此忠心为蜀国效力。后来，诸葛亮临死时特别嘱托孟获每年要去看望蜀主一次。诸葛亮嘱托之日，正好是那一年的立夏。从此以后，每年立夏日，孟获都会来蜀国拜望。再后来，晋武帝司马炎灭掉蜀国，抓走刘阿斗。而孟获一直没有忘记诸葛亮的托付，每年立夏都会带兵去洛阳看望刘阿斗，每次去，都要称一称阿斗的重量，看看晋武帝有没有亏待了他。孟获还放出话来，如果晋国亏待阿斗，他就要发兵讨伐。晋武帝也只得迁就一下孟获，就在每年立夏这天，用糯米加豌豆煮成立夏饭给刘阿斗吃。豌豆糯米饭又糯又香，刘阿斗每次都胃口大开。这样，刘阿斗就一年比一年重了。这事传到民间，老百姓也效仿，给孩子称重、吃起糯米饭来了。"

故事讲完了，钱壮壮问道："这个民间传说有什么深层意思吗？"

三耳秀才笑道："民间传说表达的东西，都很容易理解。民间传说，总是劝人真，劝人善，给人们传递美好的东西。至于历史

上是不是确有其事，不必追究的哟！孟获称刘阿斗的体重，就是忠和善，也是一种念旧的情怀。成都地区流行立夏吃糯米饭，江南宁波的立夏饭里要加雷笋、豌豆、蚕豆、苋菜等，还有立夏蛋、拄蛋，等等，基本内涵都是一样的，就是叫人强大起来，就是让我们苗——壮——成——长。"

说"苗壮成长"这四个字时，三耳秀才有意拖长了重音。

夏季，就是苗壮成长的季节。

大力说："爸爸，我也要苗壮成长。"钱壮壮故意露出吃得圆滚滚的肚子，也跟着说："我更要苗壮成长！"

三耳秀才看了一眼小胖墩，又拍了拍大力的肩膀，认真地说："夏季可是你们的高光时刻！英文有一句话，是这样讲的，Every dog has its day.直译就是，每条狗都有它随便叫的那一天；意译就是，孩子们，请开始你的表演，拿出你的劲头来。"

三耳秀才接着说："少年强则国强，别人喊加油叫鼓励，自己加油叫动力。夏来了，苗壮成长的季节，昭示苗壮成长的大时代。这两句，有力又来劲，我送给你们两个小鬼头！"

趣味小拓展

李大力：壮壮，别人叫你小胖墩儿，你讨厌不讨厌？

钱壮壮：我先问你，别人叫你熊孩子，你高兴么？

李大力：还可以吧。有时心里有一点点不高兴。我在想，叫我淘淘多好！

钱壮壮：为什么想叫淘淘？

李大力：上课淘宝，下课淘气，我的口头禅呀，合在一起，就是淘淘！

钱壮壮：嗯！这样说，叫我小胖墩儿，我一点也不讨厌。要想壮，先吃胖，没有精神出洋相。胖，怕什么呀？！

小满

风吹麦浪，中国好声音。

故事传说 蚕神

我喜欢的好词好句
月有圆缺，我爱小满。

习俗
见三新
吃苦菜
祭神农
祭蚕神
祭三车
（水车、牛车和丝车）

节气三候
一候苦菜秀
二候靡草死
三候麦秋至

小百科
夏季的第二个节气
太阳到达黄经 60 度
公历 5 月 21 日前后

我的节气小目标
加强体育锻炼，
每天跳绳三百个。

二十四节气思维导图之小满

小满：从小麦到白马

一大早，宝山市大夏小学就热闹起来了。

热闹的声音来自校内一块田地的边上。原来，这里是大夏小学设置的农学小基地：有一片菜地、一片麦地，还有一块水稻田。

今天是家长开放日。班主任崔老师还没到，家长和学生倒来了不少。三耳秀才带着大力早就到了，大力的小雷达在人群中瞄来瞄去，定位到了小胖墩儿钱壮壮，他立马松开秀才爸爸的手，冲壮壮跑去。

过了一会儿，农学小基地前就开始上演一场智力竞赛。

只见壮壮搬来一把凳子走到大家的面前，然后抬脚站到凳子上，这样一来，小胖墩的形象更加高大起来。

大家安静了，小胖墩儿开了口，说道："家长们好，同学们好！我是505班班长。现在，我站在这里，没有别的，只想问大家一个问题，今天是小满节气，请问，小满小满，是谁的小满？"

"这孩子，真大方！"家长中有人这样小声议论道。

"小满就是小满呗！还要问是谁的小满吗？"同学群里一阵阵叽叽喳喳。

钱壮壮继续说道："节气小满，最初很具体，指的是一种庄稼

长到一大半了，但是还没完全成熟，也就是小满。大家猜，哪个庄稼，最能代表小满呢？"

听到小胖墩说"庄稼"，同学群里冒出了"大豆""高粱""小麦""稻子"等好多答案。

"哈哈哈！"小胖墩指着农学小基地中的麦地，大声说道："就是小麦。小满，就是小麦的小满。"

"原来是小麦啊！""为什么是小麦？"同学们的疑问此起彼伏。

小胖墩说："小满，万物到此，小得盈满。我们古代是农耕社会，民以食为天，庄稼最重要。庄稼的重要性，要是弄个排行榜，水稻排第一，小麦就排在第二。"

"那小满为什么不管水稻？"同学中有人问道。

小胖墩接着说："小满时节，水稻，不，是秧苗——还没有大动静呀！这时，唱主角的是小麦。小麦青青，正在灌浆。"咽了一下口水，小胖墩有点不好意思，接着说："小麦灌浆，具体什么意思，我就不知道了。"这时，小胖墩儿的眼睛扫了扫家长们，看到了人群中的三耳秀才，秀才叔叔给了他一个翘起的大拇指！

热闹了一阵，班主任崔老师来到了农学小基地现场。活动有两个内容，一个是老师讲述小麦知识，另一个是学生们举行模拟割麦比赛，很少有机会接触农活的学生们都很兴奋。

活动结束后，钱壮壮跟着三耳秀才和李大力一起走。在回去的路上，三耳秀才想，小胖墩可能会问小麦的问题，谁知，小胖

墩问的却是"白马问题"。

"秀才老师，白马和蚕姑娘的传说里，为什么故事男主人公是白马？"问问题时，小胖墩还有意把"白"字念成重音。

"什么白马和蚕姑娘？"三耳秀才被问得有些懵了。

"我查资料的时候从书里看到的，说有一对父女，家里养着一匹小白马驹。后来，父亲在外经商，女孩子常一个人在家，没人说话，就对着白马说。没想到，这匹白马不仅通人性，还懂人说的话。一次，那女孩子说出了一句话："小白马呀，你要是能把我父亲带回来，我就嫁给你。"后来，这匹白马真的把那位父亲给找到了，还把生病在外的他给驮回来了。再后来，父亲听女儿说要嫁给白马，大怒，说，这怎么可以？"小胖墩儿说到这里，也跟着有点激动。三耳秀才和大力被逗笑了。

小胖墩接着说："父亲为了彻底解决这件事，把家中的那匹白马给杀了，还把白马的皮铺在石板上晾晒。女儿很伤心，扑向石板上的马皮。这时，见证奇迹的时刻到了，那张马皮飞起来，把女孩子卷了起来，径直往西南方飞走了。再后来，马皮卷女孩子，变成了蚕蛹，专门吃桑叶，还不断吐丝。这就是蚕神的故事，而小满，就是蚕神的生日。书里还说，桑树之所以叫桑树，就是因为白马死了，女孩子很沮丧。蚕儿不断吐丝就是女孩子在思念父亲。"

三耳秀才耐心在"后来""再后来"中听完了故事，笑道："这

类民间传说，大多数是劳动人民集体无意识的创作，看似无稽之谈，其实，里面可都是大有乾坤的。为什么是白马，而不是水牛？同样的道理，牛郎织女的故事里，如果把牛换成马，也不行的。你们细细感受一下，是不是？"

"至于为什么小满是蚕神的生日，因为桑叶长出时正值小满时令，而丝绸在我们中国历史中是一个很重要的元素。故事不能当真，但故事里所包含的我们中国人的情感愿望，是真切的。"

"爸爸，你说这么多，我听不懂哟！"大力抱怨。

小胖墩点头表示认同："秀才爸爸，这对我们太深奥了。"

三耳秀才宽容地笑了笑，说了一句他们都懂的话："有时，学习也可以垫脚张望一下高深的东西！"

趣味小拓展

赵小燕：爸爸，我考考你，我们中国人的幸福观，如果用一个节气来表达，是哪个节气？

三耳秀才：这么简单的问题也问爸爸。是小满哟。

小燕子：那么，什么问题是深奥的问题呢？

三耳秀才：我来一个深奥的问题，什么是幸福？

小燕子：啊！这个问题呀……

芒种

我的节气小目标
完成一个乐高玩具的拼接。

节气三候

一候螳螂生
二候䴗始鸣
三候反舌无声

小百科

夏季的第三个节气
太阳到达黄经 75 度
公历 6 月 6 日前后

没有最忙，只有更忙。

习俗

送花神
煮青梅
安苗
晒 "芒种皮"（虾皮）

我喜欢的好词好句

时雨及芒种，田野皆播秧。
家家麦饭美，处处菱歌长。

二十四节气思维导图之芒种

芒种：家庭作业多吗

"忙忙忙，也不知道你整天在忙什么，小孩也不管。"当三耳秀才推门回家时，妻子的抱怨就迎面而来："学校也不知怎么搞的，媒体上拼命在喊减负，可是给学生布置的家庭作业还是这么多。两个孩子动不动赶作业赶到 10 点，还让不让孩子睡呀？十几岁的小孩，每天可得睡足 9 个小时的！"

每当妻子来气，三耳秀才多半选择沉默。

第二天是周末，一家人高高兴兴吃了一顿晚餐，三耳秀才发话了："吃饭后，我们来一场'忙不忙'的辩论吧？"

孩子妈妈笑了起来，说道："昨天我跟小胖墩妈妈聊天，他们也为这事困扰呢。要不，我们两家来一个家庭联席会议，怎么样？"

过了一会儿，壮壮一家来了，两家人坐下来，会议开始。

小胖墩看到墙壁上挂着"五更涵"字匾，好奇地问："秀才老师，你的书房为什么叫'五更涵'？"

"唐代颜真卿有一首诗《劝学》，诗的头两句是'三更灯火五更鸡，正是男儿读书时'。我每天花许多时间泡在书房里。五更时，大地阴寒；为文做人，需得涵养。这样一来，阴寒的寒，涵养的涵，都是一个音，也算一个当下流行的谐音梗吧。总之，我是想提醒

56

我自己，多读书多写作。"

小燕子问："爸爸，三更是什么时候，五更又是什么时候？"

"一更，就是一个时辰。我们把 60 分钟叫作一个小时。为什么叫'小'时？三个小家伙，你们知道吗？"三耳秀才说道。

熊孩子叹了一口气："这个，我们哪里知道呀？！"

"一个时辰就是大时，把一个时辰分成两半，就是小时。"

三耳秀才书桌上杂乱地放了一堆书，壮壮爸爸拿起最上面的一本，说道："您真是博学。这些知识，是这些书里的吧？"

"所以我们要鼓励孩子们多读书！"三耳秀才接着他的话说，

接着，又回到原来的话题上，"我们接着说时辰。一个时辰就是两个'小'时。古时候没有钟表，也没有手机，也没有我们现在说的'小'时，而是采取五更制，晚间有人敲梆子打锣来报时。"

"谁愿意大半夜不睡觉来敲梆子打锣？"大力妈妈插了一嘴。

"这是一个职业，有工资的。敲梆子或打锣的人，叫更夫。"

"敲敲打打就能拿钱，还有这好事。"三个小朋友相视一笑。

"更夫还得喊。一更天，就是晚上7点到9点，更夫边敲边喊：'天干物燥，小心火烛'；二更天，9点到11点，喊：'关门关窗，防偷防盗'；三更天，11点到凌晨1点，喊：'平安无事啰'；四更天，1点到3点，喊：'丑时四更，天寒地冻'；五更天，3点到5点，喊：'早睡早起，保重身体'。到这里，一天的清晨开始啦！"

"爸爸，"大力说道，"三更灯火五更鸡。那么一天里只有四更在睡觉，只睡两个小时，能够吗？"

"一天只睡两个小时当然不够。这只是夸张，不是真的。"

"我们两家凑齐了在一起开个会不容易，你赶紧往正题上说哟！快点快点！"大力妈妈催促道。

"好的呀！"三耳秀才应声道，"我们是得把'忙'这个问题认识清楚。巧的是，现在正是芒种节气。"

"芒种是庄稼人的事，跟我们学生有什么关系？"李大力问。

"关系大着呢。"三耳秀才抛出了第一个观点："这时节，多忙都没关系；甚至，忙碌就是应该的。"

二更天：21点至23点。亥时。称人定，又名定昏。

四更天：1-3点。丑时。鸡鸣，又名荒鸡。民间称之为鸡鸣狗盗之时。

一更天：19点至21点。戌时，称黄昏，又名日夕、日暮、日晚等。

三更天：23点至次日凌晨1点。子时。名夜半，又名子夜、中夜等。十二时辰的第一个时辰。此时夜色最深重。

五更天：3-5点。寅时。称平旦，又称黎明、早晨、日旦等。

"我们先来看看耕田种地。从小满到芒种，小麦和水稻是重中之重。小麦快速成长到成熟，要收割，这叫抢收。而水稻秧苗也在此时长出来了，农人要把育好的秧苗插到提前耙好的水田里，这叫抢种。至于其他的农活儿也有很多。光小麦和水稻这两项，这就够农人忙的，'春争日，夏争时'。在这个时节，谁还有时间好好睡觉呀？只剩一个字，'忙'呗。"

三耳秀才越说越来劲："农民耕田种地，不仅给我们物质上的粮食，也给我们精神上的粮食。准确地说，给我们启发，给我们方法论。你们想一想，千百年来，我们的祖先根据大自然的节奏来从事生产和生活，其实不管我们做什么，只要内心的节奏对上了大自然的节奏，跟着节气走，跟着太阳走，我们就有得忙，也有得闲，在内心与外物之间找到平衡，这是中华文化的核心理念之一——**顺应天道，万物自然**。

"所以，我们在忙的时候，就得忙。这时，睡觉要睡9个小

59

时的科学说法，不必硬邦邦来套我们的学习和生活的。"

"按你这样说，总这样一直忙，小孩心理都会出问题的呀！"妈妈急了。

三耳秀才沉吟了一会儿，又说道："只是一时忙，不是一直忙。一直忙，铁人也受不了呀。所以，中国传统文化讲'一张一弛是谓道'。我们问题的关键，并不是孩子们作业多不多，而是在学业繁忙的时候，创造出空闲时间让孩子们松一松，给孩子玩的时间，忙和不忙交替着来。"

"是的。我都好久没玩游戏了。今天是不是让我玩个够呀！"调皮的熊孩子李大力马上举手提要求。妈妈白了他一眼。

"总结一下会议结果，"三耳秀才最后说道，"一时忙，可以，也应该；一直忙，不行，会变成瞎忙。"

趣味小拓展

小胖墩：大力，我问你，要表达中国人的勤劳精神，用一个节气名，是哪一个？

李大力：是芒种，这时候农活特别多。

小胖墩：那，我们能干什么呀？

李大力：还不是学习嘛！农民伯伯是"粒粒皆辛苦"，我们是"天天皆辛苦"！

故事传说

两小儿辩日

夏至

清晨，太阳早早就起来了！

我喜欢的好词好句

小荷才露尖尖角，早有蜻蜓立上头。

我的节气小目标

学会做手擀面条。

小百科

夏季的第四个节气
太阳到达黄经 90 度
公历 6 月 21 日前后

节气三候

一候鹿角解
二候蝉始鸣
三候半夏生

习俗

祭神祀祖
消夏避伏
吃面（新麦）

二十四节气思维导图之夏至

夏至:早上的太阳吗?
中午的太阳哟

"好热好热!"一回到家,小胖墩钱壮壮就冲着妈妈叫了起来:"妈妈,我要吃西瓜。"

"到底是胖子怕热。"妈妈一边给小胖墩儿切西瓜,一边说道:"胖子肉多,就像多穿了一件皮大衣。这件大衣好保暖,可不容易散热,你不叫热才怪呢。胖大宝,快过来,多吃几块西瓜!"

吃了两大块西瓜,小胖墩儿松了一口气,头脑一转,问:"妈妈,是早晨的太阳离我们近,还是中午的离我们更近?"

妈妈笑了笑,说道:"吃个西瓜,也能问出这深奥问题来,班长习惯很好嘛。太阳远和近,这可是一个古老的问题呀,这个问题来自'两小儿辩日',出自《列子·汤问》一书。可别小看这本书哟,我们熟悉的愚公移山、夸父逐日以及高山流水,都是由这本书讲出来的。'两小儿辩日'里的这个问题,不仅古老,而且古怪,把我们孔圣人也给难住了。所以,我也不知道啦!要不你去请教一下大力爸爸?"

"我现在就去问他。"钱壮壮本来就想找好朋友玩,这下出去

玩也有正当理由了。

谁知，在大力家里，钱壮壮问了问题后，三耳秀才没有直接回答，而是说："这个问题我在《跟着节气小步走》书里写到过，你们一起先看这本书，找出这个问题，看了以后，我们再来谈，怎么样？"

在书房里，三耳秀才看书，熊孩子和小胖墩也在看书。一杯茶时间后，三耳秀才把书一放，发问："复杂问题简单化，太阳远近的问题弄清楚没有？"

钱壮壮扫了一眼李大力，先说："秀才老师，我知道了。太阳远近的问题，只要找到两个点就解决了。"

"哪两个点？"

"近日点和远日点！"

"什么是近日点，什么是远日点？"

这时，两个好朋友你一言我一语讨论开了。大意是，太阳绕地球转，不是圆，而是椭圆。既然是椭圆，那么一年之中太阳和地球之间的距离（半径）就有了长短的区别。距离最近时，就是近日点。距离最远时，就是远日点。

三耳秀才边点头，边问："今天是夏至，我问你们，是早上的太阳近，还是中午的太阳近？"

家长们私下都说钱壮壮就是传说中的"别人家的孩子"，这个新问题肯定难不住小胖墩，果不其然，只见他略一思索，就答

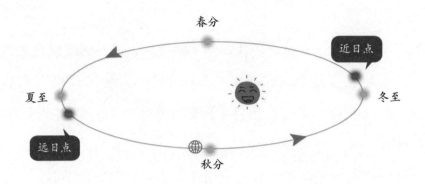

出来了："是早上近，中午远。因为，近日点是在 1 月初，远日点是在 7 月初，现在是夏至，还没有到达远日点，所以，现在太阳的运转，是奔向远日点的。那么，早上和中午相比较，当然是早上更近点。"

"不错不错，说得对，"三耳秀才笑了起来，继续说道，"这就是'两小儿辩日'答案：1 月到 7 月，太阳背向我们而行，越走越远，所以，中午远一点点；7 月到来年 1 月，太阳向我们走来，越走越近，所以早上远，中午近一点点。"

接着，三耳秀才又提出了新问题："下面还有一个更难的问题：现在，早上太阳近，那为什么中午温度更高呢？"

这时，熊孩子说道："爸爸，地球上的气温跟太阳直射、斜射等更有关系，所以不能用太阳离地球远近来判断地球的'体温'。何况，地球还分南半球和北半球呀！"

"看来，你们真的弄懂了。不错不错，你们都不错。"

夏

在"不错不错"的表扬里，壮壮和大力对了一下眼，会心一笑。这时，三耳秀才说道："你们是不是想出去玩呀？想去就去吧。何况，难住孔子的问题，你们也给解决了。实现了小目标，就去飘一飘吧！"

趣味小拓展

李大力：小胖墩，来猜一个灯谜："阳得最厉害"，打一个节气名。

钱壮壮：熊孩子，我这里也有两个灯谜："太阳和月亮"，打两个节气名。

李大力：哈哈哈。

钱壮壮：哈哈哈。

李大力：算你厉害。

钱壮壮：你也厉害呀。

（小提示：月亮在古代又名"太阴"）

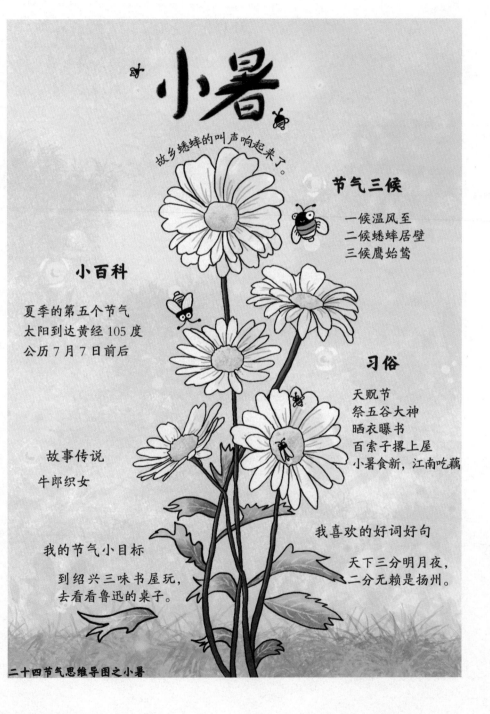

小暑

故乡蟋蟀的叫声响起来了。

节气三候

一候温风至
二候蟋蟀居壁
三候鹰始鸷

小百科

夏季的第五个节气
太阳到达黄经 105 度
公历 7 月 7 日前后

习俗

天贶节
祭五谷大神
晒衣曝书
百索子撂上屋
小暑食新，江南吃藕

故事传说

牛郎织女

我喜欢的好词好句

天下三分明月夜，
二分无赖是扬州。

我的节气小目标

到绍兴三味书屋玩，
去看看鲁迅的桌子。

二十四节气思维导图之小暑

小暑："百索子""救生圈"

这个夏夜,小胖墩钱壮壮最兴奋了。原来,爸爸妈妈把秀才叔叔一家请到家里来吃宵夜、闲谈了。

不过,一开始,三耳秀才的情绪不太高。连熊孩子都看出来了:"爸爸,我看你今天有些不高兴呀,是下午的讲座不顺利吗?"

细心的壮壮也注意到了,问:"秀才叔叔,您怎么啦?"

"唉,下午讲座结束回来路上我从手机上看到了不好的新闻,有三个小孩儿在水库玩,掉下去淹死了,一个四年级,两个三年级,你说闹心不闹心?!每年一放暑假就会有小孩子溺水的悲剧发生,让人怎么不痛心呢?"

三耳秀才重重地叹了一口气,又接着说:"壮壮,你妈妈说给你们几个孩子都准备了'百索子',看见没?"

"什么'百索子'?"熊孩子有点疑惑。

"百索子也叫五色绳,就是用五种颜色的丝线编织成的圆形手环。颜色也有讲究,不是随便五种颜色都可以的。"壮壮妈道。

熊孩子问道:"男孩子也要戴吗?五色绳不是'五'吗?怎么又变成了'百'?'索子'是什么?听起来有点怪怪的。"

大力的问题接二连三,把三耳秀才逗笑了:"你可别小看五色

绳，这里面可是有中国古代哲学的大观念——五行，而丝线的五种颜色是白、青、黑、赤和黄，代表金、木、水、火、土。"

这时，赵小燕和孙湉湉几乎齐声问道："那为什么叫'百索子'？"

"还是先跟你们说说五色绳吧。五色绳有五行，五行齐了就很平衡，可以保平安。阴历五月称恶月，自此开始，人们要防五毒邪魔，特别是小孩子，所以慢慢形成了端午日给小孩子系五色绳以避邪气、祛污秽、保平安的做法。因为这个民俗，我才说五色绳就是'救生圈'。当然，这是一个比喻的说法。对孩子来说，手腕上系有五色绳，也是一个提醒：去水边玩，得有大人陪着，得带上'救生圈'。"

喝了一口水，三耳秀才接着说："'百索子'，索子，指的就是绳索。至于'百'，这是语言中常见的夸张，并不是真的有一百条绳子，比如千层饼，不可能真的有一千层。"

好动的大力有些坐不住，想和壮壮出去踢球，急切地说："讲完了吗？我们要出去玩啦！"

三耳秀才慢慢说道："大力呀，慢慢来！不要急，还没完，还有牛郎织女和哪吒的故事。"

壮壮刚看过《哪吒之魔童降世》这部电影，特别喜欢"我命由我不由天"的小哪吒，顿时来了兴趣。大力撇撇嘴，只好坐下。

"民间讲'六月六，百索子摞上屋'，就是小孩子把自己戴的'百索子'抛到屋顶上去。无数'百索子'一起，给牛郎织女搭建起一座桥梁，这座桥就叫鹊桥。搭好后，到了'七夕'，牛郎织女

就好相见了。"讲到这里，三耳秀才脸上露出狡黠的笑："牛郎织女是代代相传的故事，下面的哪吒，后面部分，可是我续编的，你们想听吗？"

"爸爸编的故事必须听。"大力立马捧场。

"根据《封神演义》，哪吒的母亲姓殷，人称殷夫人。哪吒出世后，生性顽皮，戴着太乙真人所赐的宝物'乾坤圈'到东海去玩耍。'乾坤圈'抖啊抖，抖得东海翻腾。后来哪吒又打死龙王三太子，被龙王告状告到玉皇大帝那里去了。玉皇大帝怪罪下来，捉拿哪吒的父母李靖和殷夫人。小哪吒好样的，一人做事一人当，冲到天庭，拿刀把自己身上的肉割下来，还给母亲殷夫人，把自己肉里的骨头敲碎，还给父亲李靖。这也太狠了吧！后来太乙真人把哪吒的魂魄寄托于莲花之上，哪吒得莲而新生。故事到这里，你们应该都知道的吧？下面就一定不知道哟！"

钱壮壮急忙说："秀才老师，快讲快讲！"

"后来，哪吒也长大了，时不时想念自己的父母。话说某年小暑的一天，天很热，哪吒偷偷跑回李府，母子相见，分外激动。殷夫人含泪对哪吒说：'儿子啊，我知道，留你也留不住，但是，这一次，你一定要住满五天才可以走！'"

孙浩浩疑惑道："为什么是五天呢？"

三耳秀才继续说道："这五天，殷夫人每天从自己头上扯下一根长头发，分别染成了红色、黄色、金色、黑色，第五天的那根

长头发没染，是白色的。原来，殷夫人因为思念儿郎心切，一头黑发早已泛白。到了第五天的黄昏,殷夫人把五根长头发编成了'百索子'，含泪嘱咐：'你师父给你宝物乾坤圈,传授你法力,保你平安。为母只是一个凡人，只能把思念寄托在这个百索子上，你戴在手上，虽然不能增加你的法力，但母亲在家会天天祈愿你平安的！'"

赵小燕眼眶有点湿润了：“爸爸，你的故事编得有点牵强，但挺感人的。”

趣味小拓展

三耳秀才：小燕子，连环问开始啦！一年之中，至少有两次吃面条，哪两次？

赵小燕：“冬至饺子夏至面”。夏至吃一次，还有一次是自己的生日。考不倒我吧？

三耳秀才：夏至为什么吃面？生日又为什么吃面？

赵小燕：夏至新麦成熟，要尝新。生日吃面，是长寿面。

三耳秀才：生日吃的面，为什么是长寿面？

赵小燕：这个，我说不清楚。

三耳秀才：这不仅是民俗，里面还有一个谐音梗。因为面条又长又瘦，长和瘦，加在一起读什么？

说下就下的,是阵头雨。

大暑

小百科

夏季的第六个节气
太阳到达黄经120度
公历 7 月 23 日前后

节气三候

一候腐草为萤
二候土润溽暑
三候大雨时行

习俗

渔民送大暑船
喝暑羊(羊肉汤)
烧伏香
饮伏茶
晒伏姜
吃仙草
斗蟋蟀

我喜欢的好词好句

黑云翻墨未遮山,
白雨跳珠乱入船。

故事传说　流萤夜读

暑假作业
我的记录小目标

二十四节气思维导图之大暑

大暑：借萤火虫的光，能行吗

受宝山市"小行星"少儿电台的邀请，大暑时节，三耳秀才和"小学霸"钱壮壮走进了电台直播间。开场白后，主持人圆脸大哥哥向听众介绍了两个来宾。一档消夏闲话节目正式开始。

三耳秀才开口说道："很高兴在这个夏夜，在小行星电台和大家相聚。夏天的第六个节气，也是最后一个节气，是大暑，大暑的第一候是腐草为萤。那么，我们今天的话题就从囊萤映雪开始。至于，这个成语的意思……"说到这里，三耳秀才向主持人扬了扬眉毛。

作为专业主持人，圆脸大哥哥一下子就明白了三耳秀才的意思，立马接话说道："囊萤映雪其实是两个故事。一个是囊萤，一个是映雪。我们先说囊萤。东晋时期，有一个少年名叫车胤，车辆的车，赵匡胤的胤。家里贫穷，晚上点不起灯，他就得想办法呀，想来想去，就想到利用萤火虫的光来读书。说的是他把萤火虫收集起来放在布袋里。萤火虫不是能发光吗，一闪一闪的。许多萤火虫放在一起，就发出充足的光。和车胤同时期，还有一个少年，叫孙康，也是因为家里穷，点不起灯。孙康的办法是映雪。具体说来，就是到了冬天，待在雪地里，借着月光和白雪的反光来读书。

73

车胤和孙康两个少年读书的故事，合在一起，就是囊萤映雪了。"

"不过，这样看书，能看得清楚吗？"主持人讲完故事，表达了疑问。

小胖墩中气十足地说道："主持人哥哥，囊萤映雪，能不能看清楚这个问题，我们学校组织过一次夜晚研学活动来验证过！"

"哇，小朋友快跟我们的听众分享分享。"主持人用惊奇的口吻说道。

"那天，老师带着我们在池塘边捉了一些萤火虫，放在透明的玻璃瓶里面，我还拿了一本书做实验，但是书上的字是看不清的。在一千多年以前的东晋，车胤没有透明的玻璃瓶，用布袋子收集的萤火虫，光线更弱，怎么看书呀？"

听到这里，三耳秀才笑了起来，说道："哈哈，不错，有怀疑精神！怀疑可是读书人的一件法宝哟，你会怀疑，才有探究的起点和动力。这样，你悟到的东西就成为你自己的了。好了，我们来说萤火虫的光吧！"

"欢迎作家三耳秀才分享思考的新成果。"主持人说。

三耳秀才认真说道："就读书看字的效果来说，囊萤映雪的作用很有限。但，偶尔为之也未尝不可。在我看来，其可行性体现在两方面：一方面，在车胤所处的东晋，文字是刻在竹简上的，所以字比现在我们书本上的字大得多，那么光线差一点应该也能看；另一方面，夜晚是半看半猜、巩固知识的，也就是白天读得

半熟不熟的部分，晚上通过萤火虫的光来复习，所以对光线的要求没有白天高。当然，我的这一判断也不全是靠猜。这里，我先来跟大家说两个实验吧！一个是古代皇帝的，另一个是现代专家的。"

"皇帝也做实验呀？！"小胖墩好奇地睁大了眼睛。

"这位皇帝就是康熙。他说：'朕曾取百枚（萤火虫），盛以大囊照书，字画竟不能辨，此书之不可尽信者也。'不过嘛，清朝已经有纸张了，字也比竹简上的小，而且，康熙说的是'字画竟不能辨'，可'不能辨'到什么程度，也没有明说。所以，也没法全然否定囊萤的作用。"

圆脸主持人笑了，说道："原来皇帝的实验，也不精确！"

"另一个实验，是现代科学实验哟！做实验的是大学里的一位教授，从2000年起，他致力于萤火虫的考察与研究，发现并命名了雷氏萤、武汉萤、穹宇萤等多种萤火虫。"

小胖墩嘴巴一张，问："小小的萤火虫研究也有博士？"

"所谓博士，就是在很小的一个领域做很深的研究！"三耳秀才如此解释，接着又说："有一年8月，这位教授做过一次实验，在一个150毫升的玻璃瓶内，分别放下25只、50只及100只条背萤，将一页打印有12号宋体字的纸放在距离玻璃瓶3厘米处，在放有25只萤火虫的'萤火灯'下，字迹无法看清；50只，勉强看清；100只，能看清，但费劲。条背萤的发光频率快且不稳定，坚持

75

5分钟，人的眼睛就难受，头也疼起来了。

"后来，在大学昆虫楼，教授又实验了一回，这回不用透明瓶子，用的是绢笼，用半透明的绢做的，高15厘米，直径7厘米，圆柱形。将20只萤火虫放入，用手指敲击绢笼，萤火虫出于防卫闪亮起来，随后将'点亮'的绢笼凑近纸张，可以看清纸上的文字，不过，眼睛容易疲惫，不宜久看。当绢笼内萤火虫的数量增加到40只时，亮度变大，字更清楚了。当然，由于是闪烁光，时间一长，人的眼睛还是受不了。实验表明：车同学勤学的故事可信，但夜读效果并不太理想。

"综合皇帝和博士的实验，我的结论就是：偶尔为之，未尝不可。"

电台消夏闲话进展了四十分钟。出了电台，告别了圆脸大哥哥后，小胖墩的兴趣还很高。他跟着秀才老师走在霓虹灯闪烁的大街上，继续着"囊萤映雪"的话题。

小胖墩感叹："古代人没有电灯，读书可真不容易呀！"

三耳秀才拍拍小胖墩的头，说道："是的呀，我小时候也没有电灯，用的是煤油灯。其实每一代人读书都有不容易之处。重点是，一个人要愿意读，才会主动去克服读书过程中这样那样的困难。我有一个观点：读书，从古到今都是少数人的事。不信你看，不少人拿到高级文凭，工作后却再也不怎么看书了。读书人看起来很多，真的读书人还是少数的。在我看来，这就是囊萤映雪这

个成语给我们这一代读书人的意义和精神价值。"

"秀才老师，我会好好坚持读书的！就像您说的：**读书就是引体向上，不努力就是自由落体。**

趣味小拓展

钱壮壮：哪个节气，只要你出门就很有可能淋着雨？

孙湉湉：雨水？清明？

钱壮壮：不对不对。是夏天的哟，夏天最后一个节气。

孙湉湉：为什么？

钱壮壮：大暑第三候是"大雨时行"。盛夏的阵雨，下得又急又猛，还有大风。所以，就算有雨伞，衣服也会湿的。

孙湉湉：难怪难怪。好讨厌。

钱壮壮：虽然讨厌，但也有诗意哟。前天，秀才老师还给我们讲了苏东坡的诗，"白雨跳珠乱入船"，就是大暑的诗意。

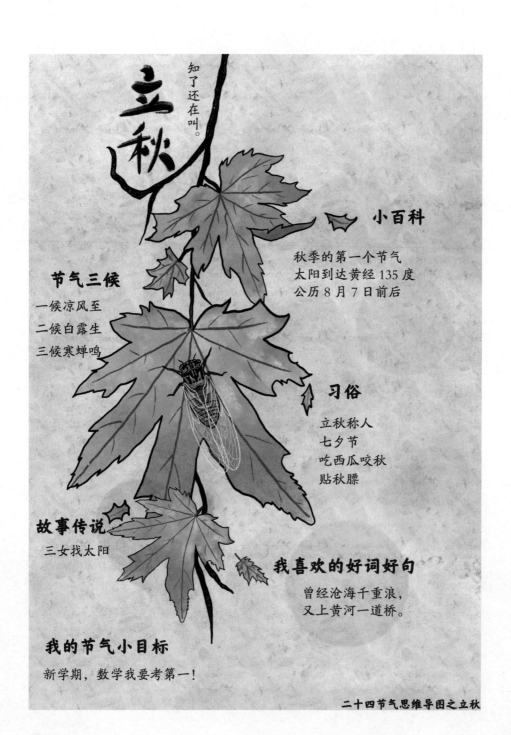

立秋

知了还在叫。

小百科

秋季的第一个节气
太阳到达黄经 135 度
公历 8 月 7 日前后

节气三候

一候凉风至
二候白露生
三候寒蝉鸣

习俗

立秋称人
七夕节
吃西瓜咬秋
贴秋膘

故事传说

三女找太阳

我喜欢的好词好句

曾经沧海千重浪，
又上黄河一道桥。

我的节气小目标

新学期，数学我要考第一！

二十四节气思维导图之立秋

立秋：请出太阳喜洋洋

一进入暑假，大家都要升一级啦！从五年级升到了毕业班的孙湉湉找自己的好朋友——五年级5班班长钱壮壮一商量，两人一拍即合，敲定了暑期主题活动，决定在立秋这一天，在学校的图书馆内举办一个小型的"告别盛夏，迎接金秋"升级联谊活动。

活动共分三个环节，先是601班以"夏天，我的小目标"主题来进行小作文演讲，然后505班以"秋天的故事会"为主题讲故事，最后一部分最有趣，叫"重量擂台赛"。

在学校图书馆大厅，左右两边各摆一个电子秤，中间还有一个大黑板。

活动开场后，孙湉湉先上台开讲："这是一个彝族故事，故事叫'立秋三女请太阳'。很久很久以前，天上有七颗太阳，它们轮流值班，大地上的动物、植物享受着丰裕的阳光雨露，生命力爆棚，长得又快又壮。

"在云南省，有一座大山，叫哀牢山。这座山是个好地方。有一天，来了一只夜猫精。夜猫精最讨厌的是光明，一有光亮她就周身不舒服，你说怪不怪！

"夏末的一天，阳光无比耀眼，夜猫精一仰头，肝火就上来了，

暗叫一声：'我叫你闪我！'伸出爪子，拔下自己背上的一根羽毛，'喵咪喵咪轰'一番念念有词，羽毛瞬间变成了锋利的箭，射向太阳。"

熊孩子轻声叫了一下："呀！原来是个大坏蛋！"

孙湉湉继续说道："这个大坏蛋，它得手了。一天射落一颗太阳，一直到第七天，第七颗太阳一露头，发现大事不妙，不等夜猫精去拔羽毛，就溜走了。"

"这样，天上不是没有太阳了吗？"钱壮壮在台下问了一句。

"是的。天上不出太阳了，地上没有了能量，动物植物慢慢都衰落枯萎了。

"怎么办？人们想了很多办法，都没什么效果。这时，村里三个非常聪明的姑娘合计，想到了问题的要害：夜猫精不是喜欢黑暗、害怕光明吗？我们为什么不用火？！

"一提火，村民们瞬间都开窍了：对啊，长毛的动物都怕火。我们可以用火来解决！

"行动吧！大伙儿做了超级多的火把，点燃后，到处追逐夜猫精。夜猫精一见火把那熊熊的烈焰，就可着劲地逃。逃呀逃呀逃，一直逃到一个大山洞里。

"这下好了，大伙儿用力把一根根火把扔进山洞里去。大火烧呀烧呀烧，那只夜猫精就呜呼哀哉了。"

"夜猫精一死，天下不就太平了吗？"小胖墩钱壮壮松了一

口气。

　　"还没有咧！最后溜走的第七颗太阳，可能是因为害怕吧，也不敢再升到天上去。他跑到哪里去了？大伙儿谁也不知道。"

　　"小吃货，快讲，那人们怎么办？"小胖墩又接着追问。

　　小吃货孙浩浩不慌不忙吃了一块梨，微笑了一下，接着说："关键时刻，还得是女将出马。还是那三个姑娘，壮着胆子，出远门去找太阳。一路上遇到了好多艰难险阻。

　　"有一天，她们碰到了一个白胡子老头，老头儿对她们说：'你们就是累死也找不到太阳的。'三个姑娘齐声说道：'没有太阳，鲜花不开，鸟虫悲鸣，庄稼不生，牛羊不长。开弓没有回头箭，我们就是累死，也要找到太阳！'"

　　"听了三位姑娘的铮铮誓言，白胡子老头眉毛舒展开来，笑着对她们说：好姑娘，你们继续往前找吧。到立秋那一天，你们就会碰到一个骑白马的年轻男子，他就是你们要找的太阳。祝你们好运！"

　　"这下不就彻底好了？"赵小燕问道。

　　"到了立秋这一天，真的有一个骑白马的年轻人来了，三个姑娘大声对他说：'尊敬的太阳呀，夜猫精已经没了，你什么时候升起来，我们大伙儿都需要你呀！'至此，长久劳累的三个姑娘精力耗尽，无力支撑，一个接一个瘫倒了。

　　"神奇的时刻来了，就在三姑娘倒下的地方，长出了三座高高的山峰，顷刻间托起了那匹驮着男子的白马。太妙了，就这样，太阳升起来了。那三座姑娘变成的高山，人们称之为三尖山。而太阳，也从此每天升起！"

最后，孙湉湉轻快地说道："这就是——立秋三女请太阳。这就是——太阳出来喜洋洋。"

孙湉湉的故事讲完后，两个班就开始排队。排队干什么？原来，立夏称人，立秋也要称人，这样，一个孩子在长长的夏季，体重增加了多少，就一清二楚了。这时，只见孙湉湉拿起粉笔站在大黑板前刷刷地写起来，一个班一溜数字。"重量擂台赛"开始了。最后的结果是：601 班人均长肉 1.1 千克，505 班人均长肉 1 千克。不过，长肉肉冠军却是 505 班的班长钱壮壮，长了两千克！

在一片掌声中，钱壮壮走到了前台，开始了"告别夏天，我的小目标"主题演讲，演讲标题是"两千克的荣耀"。演讲最后，他总结道：

"长肉不可怕。我们正处于长身体时期，所以我们要多长肉呀。此外，最最重要的是，我们是中国少年，长肉和长精神要齐头并进。所以，在这里，告别夏天，我要说的是：**要想壮，先吃胖，没有精神出洋相**。少年强，则国强。中国少年强强强！"

孙湉湉：小燕子，我问你，你的作文是谁教的？

小燕子：小吃货，你傻呀。我俩一个班的，作文课不都是语文老师教的吗？

孙湉湉：哈哈哈，对对对。不过，我想说，我的作文课，是体育老师教的，是物理老师教的。

小燕子：此话怎讲？

孙湉湉：读书就是引体向上，不努力就是自由落体。引体向上，什么课？自由落体，又是什么课？

小燕子：哈哈哈，我爸爸也讲过，各科知识是互相融通的。而且，向上难，向下易，所以有一句名言是"从善如登，从恶如崩"。

处暑

故事传说
三季人

节气三候
一候鹰乃祭鸟
二候天地始肃
三候禾乃登

小百科
秋季的第二个节气
太阳到达黄经 150 度
公历 8 月 23 日前后

习俗
祭祖迎秋
放河灯
吃鸭子
开渔节
拜土地爷

我喜欢的好词好句
少年强则国强。

割稻啦，还记得 "锄禾日当午" 吗?

协助老师，
组成一支合唱队。

二十四节气思维导图之处暑

处暑：谁是三季人

到了处暑，对于大部分地区而言，算真正入秋了。这一天，晚饭后，三耳秀才带着赵小燕和李大力在沿江公园散步，又开始了"散步课堂"。不一会，不耐烦的熊孩子李大力就跑得没影了，赵小燕也想逃，迎面碰到小吃货孙湉湉，赵小燕马上说："爸爸，我们自己去玩，可以吗？"

"当然可以，"三耳秀才脸上露出狡黠的微笑，接着说道，"不过，你们俩得先回答我一个问题。成交？"

"成交。爸爸，你问吧！"

"一年有几季？"

赵小燕抢先说："爸爸，当我是傻子吗？这么简单的问题也问！"

孙湉湉回答倒是极认真："秀才老师，这道题是送分题。一年有四季：春、夏、秋、冬。"

"哈哈哈，我们小燕子生气了。我如果说，历史上有人说一年有三季，连孔子也附和了这一说法，你们相信吗？"

"秀才老师，你是想给我们讲一个别致的故事吧？"好学的孙湉湉来了兴致。而小燕子嘴里连连说道："爸爸爸爸，快讲快讲！"

三耳秀才不紧不慢讲了起来："孔圣人不是有七十二名优秀的

弟子吗？其中有一个名叫子贡。一天早上，子贡在老师家门口打扫卫生，看见从杂草掩盖的小路上走来了一个穿绿衣的人。"

"为什么强调绿衣呢？"小燕子问道。

"这个绿衣人问了子贡一个问题：你是孔子的学生，你说说一年有几季？子贡跟小燕子一样，有些急躁，'我是傻子吗？'子贡带着气，回答绿衣人：'四季'。"

"后来呢？"孙浩浩追问。

"穿绿色衣服的人，看起来也动了脾气，声音大了起来，说：肯定是三季，怎么是四季呢？！你真是孔门的弟子吗？"

"哈哈，这可真有趣！"小燕子笑了。

"你没好言，我没好语，两个人就吵了起来。听到外面有争吵，孔子从里屋走出来。子贡看见老师来了，赶紧把事情前前后后说给老师听。当然，子贡是想等老师说出正确答案，赶紧打发走这个讨厌的绿衣人。谁知，孔子下面说的话，让子贡很吃惊。"

"孔子说了什么？"孙浩浩问道。

"孔子说的是：三季。一年只有三季。"

"三季？我跟子贡一样吃惊！"小燕子和孙浩浩都吃惊了。

"听见孔子说一年有三季，那位绿衣人对孔子说了声谢谢，就心满意足地走了，边走还边嘲笑子贡：'你这个人，是孔圣人带出来的差生吧！'"

小燕子说："这下不是把子贡气个半死？"

86

"子贡倒是不生气，他是懵了。等那绿衣人走远，子贡立马请教：'老师……'没等子贡把话说完，孔子就教训起他来了。"

孙涨涨也好奇起来："教训子贡？子贡有错吗？"

"孔子说：你没看到那个人穿的是绿色的衣服，脸色还格外苍白难看吗？他，是一只蚂蚱，他就是一只蚂蚱变的妖怪呀！"

小燕子大笑起来，说道："哎呀，我明白了，原来秀才爸爸讲的是志怪传奇小说！"

"蚂蚱，在春天出生，到了处暑，临近秋天，他的生命也就快到头了。一场秋雨，很有可能就要了他的命。民间有这样一条歇后语——秋后的蚂蚱，蹦跶不了几天。所以呀，他是不可能见到冬天的。"

孙涨涨说道："他见不到冬天，他的世界只有三季，是吗？"

"是的。这样的人，我们就叫他三季人。三季人，我们这个世上还不少，并不只有绿衣人一个。"

孙涨涨谦虚地问道："秀才老师，三季人的故事，很有现实针对性。是吧？"

"是的。所以呀，我们在现实中碰到三季人，就没有必要费口舌跟他讲什么一年四季的事了。这里，我再教给你们一个成语：'夏虫不可语冰'。庄子在《逍遥游》中也说 **小知不及大知，小年不及大年。朝菌不知晦朔，蟪蛄不知春秋**。其中的道理和三季人异曲同工。"

小燕子有点急，说道："爸爸，我还有点不明白，这样说来，那我们还要不要坚持正确的想法呀？"

"当然要坚持。不过，要看是在什么环境下和什么人沟通交流。这可是智慧，你慢慢领悟吧！"

到这里，小燕子和孙湉湉都忘了要甩开秀才爸爸自己去玩了，两个小脑袋都在思考着"三季人"的故事。过了一会，孙湉湉抛出一个"重大"问题："秀才老师，在现实中，我们怎么才能知道谁是三季人？"

三耳秀才没想到孙湉湉会这样问，"哦"了一声，停了半天，才说："世上的每个人都不可能是全知全能的。从哲学层面上讲，我们每个人或多或少是三季人。至于现实中，如何辨别三季人？方法很简单，自以为是的、太爱讲道理的人，多半就是三季人。"

听到这话，小燕子来了劲，说道："爸爸，你整天跟我们讲道理，还变着法讲。你就是三季人！"

三耳秀才脸上现出无可奈何的神情，说道："对头，对头，爸爸我也是三季人。"

趣味小拓展

孙湉湉：小胖墩，我问你一个夏天的问题，好吗？

钱壮壮：夏天的问题，随便问。

孙湉湉：什么夜晚，你可以看见萤火虫闪闪亮？

钱壮壮：这个难不倒我，是大暑时节的夏夜。因为，大暑第一候是"腐草为萤"，萤火虫一闪一闪。对吧？

孙湉湉：还有什么时候？

钱壮壮：没有了哟。

孙湉湉：当然有，晚上好好做个梦吧，梦中也会有萤火虫飞来飞去哟。

我的节气小目标
看完两本有关
美食的书。

小百科

秋季的第三个节气
太阳到达黄经165度
公历9月7日前后

一候鸿雁来
二候玄鸟归
三候群鸟养羞

节气三候

我喜欢的
好词好句

露从今夜白，
月是故乡明。

祭禹王
收清露
酿白露酒
饮白露茶
食"十样白"

习俗

早起的鸟儿饮白露。

故事传说

禹神

白露

二十四节气思维导图之白露

白露：白鹭是白露，湉湉是甜甜

晚饭后，孙湉湉在自己的小房间里，靠窗户站立，一动不动，妈妈走过来她也不吱声。妈妈奇怪了，说道："湉湉，你在干什么，呆着不动，犯傻了吧？"

"我是文体委员，最近我们班流行说，文艺就是发呆、犯傻。"

"还有这说法，好奇怪。你小脑瓜子别乱想，等下想出问题了！"

"妈妈，我为什么叫湉湉？"

"你的名字，是我们请秀才老师帮忙取的哟。"

"有什么特别意思吗？"

"我也说不太清楚，你去问问秀才老师吧。正好教师节快到了，妈妈帮你准备一些水果，你给带去。"

第二天晚上，孙湉湉带着妈妈准备的水果和两个大问题来到小燕子家。

孙湉湉带来的第一个大问题是："秀才老师，你为什么给我取湉湉这个名字？"

三耳秀才不直接回复，反问道："我问你，当别人叫你湉湉时，你感觉怎么样？是不是有一股甜甜的味道呀？"

"秀才老师，你这么一说，还真有哎！"

"是不是像吃了一块软糖，甜丝丝的？正好，人如其名，你长得甜甜的，还爱吃甜食，是个小吃货！"

"那么，我名字里的'湉'字，就是甜的意思吗？"

"也不全是。你名字中的这个'湉'字，字面意思是水流平静。你生在白露节气，已到秋天，我给你取名'湉湉'，正是人生如一池秋水、安宁恬静的一种愿望。"

"那么，跟甜的味道没有啥关系了？"

"湉湉和甜甜，字面上的意思虽然有区别，但是，听起来可是完全一样的，就像喜剧里一个概念一样——谐音梗。"

"谐音梗，好像有点俗气。"这时，熊孩子李大力抢白道。

"谐音梗，也是可以风雅的。况且，'孙湉湉'这个名字，源自唐诗哟，有大唐气象！"

赵小燕撇撇嘴："爸爸，你也太会吹牛了吧，一个名字有那么多讲究吗？"

"还真有。'湉湉'这个名字，取自杜牧的诗作《怀钟陵旧游四首·其三》。全诗是这样的：

十顷平湖堤柳合，岸秋兰芷绿纤纤。

一声明月采莲女，四面朱楼卷画帘。

白鹭烟分光的的，微涟风定翠湉湉。

斜晖更落西山影，千步虹桥气象兼。"

三个孩子都"哦"了起来。三耳秀才接着说道："这诗句里，

还暗含湉湉的出生时节——白露。'白鹭烟分光的的',白鹭是鸟,不是露水的露。不过,玩个谐音梗,也可当作白露的露。正好,我给你们讲讲白露吧。"

孙湉湉开心道:"好呀。"

"我们先来说'露'。露,是秋天的小天使。她,先在节气立秋里出现,立秋第二候是'白露生'。很显然,她是夜晚出生的。立秋到处暑,再到现在的白露,我们可以称之为小天使的少年时期。一到节气白露,露就算长大成人了,开始步入青年。白露之后是秋分,秋分之后是寒露,到寒露,秋天的小天使就到了中年,再往前走,是节气霜降,这时有露吗? 有的。这是露的老年了,这时,她不叫露了,叫霜。哎呀,小天使也会变老的。"

小燕子说道:"秀才爸爸,你真有童心,秋天小天使的说法挺妙的,我喜欢。"

"白露白露,说了'露',我们再来说'白'。一般说来,露即水,水无色无味,怎么会是'白'呢? '白'仅仅指一种颜色吗? '白'是象形字,其甲骨文的字形,像太阳光照射,也就是,太阳之明为白。太阳光照之处如何? 所以,'白'的本义是空空如也,或者说,空间的起始状态和空间的基础状态。后来,词义演化为一种基础颜色——白色,引申为纯洁、纯净、朴素、雅致等义。

"早在庄子时代,'白'就有了上述含义。庄子说'虚室生白',这里的'白',就是'虚空状态'。庄子还说,'若白驹之过隙',

指的便是'虚无之驹'。

"《月令七十二候集解》中说:'白露,八月节。秋属金,金色白,阴气渐重露凝而白也。'到汉朝,中国人讲五行,秋天属五行中的金。所以,白露之白,也有秋的指向。

"有了露的解释,有了白的解释,所以,我们就把秋天的第三个节气叫白露了。"

孙湉湉似懂非懂,说道:"白露,看起来简单,分析起来还挺有讲究的。"

"简单问题复杂化,复杂问题简单化,哈哈,这就是学问。湉湉,你今天来我们家,还有什么问题吗?"

"秀才老师,最近,我变得爱发呆、变得内向、不爱跟人说话了,这样是不是很不好?"孙湉湉思考了一会,终于表达了最近的烦恼。

"哈哈。这个问题,问我可问对了人哟。"三耳秀才有点得意:"一个人发呆,是好事哟。一直发呆,也没有什么错的。"

熊孩子问道:"爸爸,发呆怎么会是好事,不是傻吗?!"

"发呆,犯傻,当然不是真的呆和傻。心理学研究表明,性格外向的人,看起来阳光灿烂,可他的内心也可能是孤独的,生活中,也可能感受不到幸福。甚至,还会得上抑郁症的哟。

"同样,性格内向的人,他的内心可能很充实,生活当中,完全可能是一个幸福感爆棚的人哟。

"所以，在我看来，可以这样总结：**性格内向和外向，是特点，不是缺点。**内向和外向，不是幸福的核心要素。对你来说，想内向就内向，想外向就外向。怎么舒服怎么来！"

趣味小拓展

赵小燕：秀才爸爸，现在讲节气，最核心的是什么呢？

三耳秀才：我觉得就四个字：天地人和。

赵小燕：你不要总是"我觉得"。你有权威的说法吗？

三耳秀才：当然有。2016年，二十四节气在联合国申遗成功。申遗的宣传片够权威吧！

赵小燕：宣传片里是怎么说的？

三耳秀才：在第三部分"天人合———文化意义与社会功能"中，说得很清楚，我念给你听。

赵小燕：我听着呢！

三耳秀才：中国传统哲学中的"天人合一"和"阴阳流转"，是二十四节气的核心理念，凝聚着人与人和睦相处、人与自然和谐共生的文化精神，不仅培育了中国人尊重自然规律和生命节律的世界观，也塑造了"天道均平、以和为贵"的社会生活理想。

空气的味道是桂花的味道。

秋分

我的节气小目标

天上飘的桂花糖，
我要吃一大口。

习俗
祭月
吃月饼
竖鸡蛋
吃秋菜

后羿射日
嫦娥奔月
故事传说

我喜欢的好词好句
海上生明月，
天涯共此时。

小百科
秋季的第四个节气
太阳到达黄经180度
公历 9 月 23 日前后

节气三候
一候雷始收声
二候蛰虫坏户
三候水始涸

二十四节气思维导图之秋分

秋分：我给嫦娥发微信

嫦娥仙女：

您好！我是宝山市大夏小学 601 班的孙湉湉。我也是小仙女，是秋天出生的小仙女。

刚开了个头，我心中的怨气就冒出来了。今天给你写微信，可不是我自愿的，是我们学校搞节气活动，要求每一个人写一个节气，我想了想，既然快到秋分了，那就给你写一封信吧！说实话，虽然老师和同学们常夸我有文艺气质，能写会画，但我不太喜欢别人要求我写。因为命题作文不自由，我们班上的小伙伴们，大多数都不太爱写命题的作文。可是，我的好朋友小燕子的爸爸、作家秀才老师，总喜欢给我们灌输一个观念，鼓励我们多多写作，说什么：**小作家留痕，大作家留名，作家就是赢家**。我心里有点怀疑：这是他个人的观点，不好用来要求别人。秀才老师知道我们心里的小九九，把三国一个大文豪的名段解释给我们听，他说，这个观点自三国时就有了。三国大文豪的文章，你一定没听过，我想了想，你飞到月亮上去以后，地球经过好多好多朝代才到了三国时期呢！我把这段话抄在这里，一并通过微信发给你。名段出自曹丕的《典论·论文》："盖文章，经国之大

98

业，不朽之盛事。年寿有时而尽，荣乐止乎其身，二者必至之常期，未若文章之无穷。是以古之作者，寄身于翰墨，见意于篇籍，不假良史之辞，不托飞驰之势，而声名自传于后。"

抱怨了一回，我长长松了一口气。回过神来，我再给你写微信。哟，对了，嫦娥仙女，你还不知道微信吧！微是小的意思，但是，微信可不是小的信，所谓微信，不过是借助现代网络技术，把手机当邮路，即刻发、即刻收的信息。反正，信的本质在，作为传播作用的意义也在，你就把我这封微信当一封地球来信吧！

嫦娥仙女，你近来过得好吧？你看我这问的，时逢秋分，时逢中秋，你住的月亮一切辉煌，你能不好吗？而且，你是传说中的神仙姐姐呀，人们在头脑中创造了你，代代相传，你一直很有存在感，流量很高，粉丝也很稳定的。怕你一个人寂寞，人们不是还让一只小兔子去陪你，一棵桂树来供你欣赏？听秀才老师讲，一个人，被迫寂寞被迫孤独，可是成功之始，这状态，正好促使一个人走向成功。会孤独了，甚至享受孤独了，那就是主动迈上成功之路了。专一事，就是大咖，就是成功之士了。如果啥事也不专，无所事事，还寂寞，还孤独，还享受着，那就是仙人了，那说的就是你，嫦娥仙女了。记得秀才老师讲这个给我听，我还笑了好半天，现在我写给你，这就是"宝剑赠英雄"。

嫦娥仙女，你见到地球来客了吗？有几个国家发射火箭登陆了月球。哎呀，我又说错了话，天上的月亮可不止一个的。你所

在的月宫和人们登上的月球，并不是同一个星球。一般语境里的月亮，是一个客观的存在，登月、搞科学研究，就是指这个月，除此之外，还另有一个月亮，那是诗意的月亮，是人们想象的月亮，这月亮，也是你飞上天成了仙女的地方，经过一代又一代的中国人共同打造，今天的月亮带有神性，无比辉煌。比如，张若虚的"春江花月夜"之后，月亮不同了。李白那次"花间一壶酒""对影成三人"之后，月亮又不一样了。还有，一代又一代的少女、少妇曾在夜半私语，这私语，除了她们，我觉得只有你一个人"窃"听过，这私语以后，月亮更不一样了。所以，你生活在一个我向往的诗意时空中，在这个诗意的时空里，你是永恒的。我给你写的这封信，我相信，将在一个虚拟的时空中抵达美好。

趣味小拓展

赵小燕：小吃货，我来考考你，冬至饺子夏至面。立春吃什么？

孙湉湉：这个考不倒我。是五辛盘，就是一盘凉拌菜。

赵小燕：再考一个。柿子什么时候吃？梨子什么时候吃？

孙湉湉：霜降吃柿子。惊蛰吃梨子。我问你，这样吃，古代人是什么说法？

赵小燕：这，还有说法吗？

孙湉湉：哈哈。你不知道吧，这叫——不时不食。

寒露

菊花是养出来的，所以最养眼。

不是花中偏爱菊，此花开尽更无花。

我喜欢的好词好句

小百科

秋季的第五个节气
太阳到达黄经195度
公历10月8日前后

我的节气小目标

特别早起，
看清晨的露珠。

习俗

重阳登高
赏菊
赏枫叶
饮菊花酒
吃花糕

节气三候

一候鸿雁来宾
二候雀入大水为蛤
三候菊有黄华

二十四节气思维导图之寒露

寒露：重阳登高大境界

　　爬山是现代都市人的时尚活动。恰逢寒露时节，一大早，三耳秀才要带赵小燕和李大力去登宝山市最有名的大山——东宝山，赵小燕还叫上了好朋友孙湉湉。

　　"小吃货，快来看呀，这里还有露水耶！"下了车，离开大路，刚走上山路，原来还带着起床气的小燕子就兴奋了起来。

　　这时，三耳秀才说话了："我没有骗你们吧，叫你们起早来爬山，是不是很舒爽？这下，看到寒露了吧？！"

　　熊孩子手上拎着一根棍子，边走边用棍子扫荡杂草。过一会，他停了下来，蹲下来仔细看，说道："爸爸，露水真好看，有阳光照着的，更好看。草上的露水好看，有露水的草，也好看！"

　　三耳秀才接着熊孩子的话，说道："你们多拍一些寒露的照片，多注意观察寒露时节的感受，这是最好的作文训练。回到家里，边查看寒露的照片，回想观察时的美妙感觉，大致整理、写下来，就是一篇不错的小作文，或美好的作文片段。"

　　赵小燕有点不乐意，说道："爸爸，你总是千方百计教育我们、给我们布置作业，你怎么不给自己布置作业呢？！"

　　"哈哈哈。爸爸没有作业任务了！但是，爸爸有习惯，有了

灵感，或几天没动笔写点什么，爸爸就觉得不得劲，不舒服。甚至，有时我硬挤也要挤出一篇文章来的。你说说，我这样，不是比你的作业更厉害！"

"好吧，爸爸，你厉害。那么，你就以眼前的这些寒露，给我做个小示范吧！"

"好吧，给我十分钟。"

一行人攀登东宝山，一路上有说有笑。"十分钟到了，秀才爸爸，你来示范呀！"

"好吧！我走两步，站在前面那块石头上，来一个庄严而优美的抒情。听好啦：寒露，是在夜晚生成的。清晨，你看到的是晶莹。寒露，是在历史中生成的。于是，有了特别的情思和特别的诗篇。小时候，乡愁是一枚小小的邮票，我在这头，母亲在那头。长大后，乡愁是一张窄窄的船票，我在这头，新娘在那头。后来啊，乡愁是一方矮矮的坟墓，我在外头，母亲在里头。而现在，乡愁是一湾浅浅的海峡，我在这头，大陆在那头。"

赵小燕笑了起来："爸爸，你这不是台湾诗人余光中的《乡愁》吗？"

"不要打断我。请继续听：现代人有如此乡愁，古人，在这时节，愁绪更有个性：独在异乡为异客，每逢佳节倍思亲。遥知兄弟登高处，遍插茱萸少一人。"

赵小燕追着说道："爸爸，《九月九日忆山东兄弟》，这不是重

104

阳节的诗吗？"

"是的呀！"

"可是，重阳节还没到，你引用王维的这首诗，是不是引错了？时间不对呀！"赵小燕脸上露出疑惑的神态。

"重阳节没到，我们不是也可以登高吗？清明节要上坟，平时也可以祭拜祖坟。所以，写文章是灵活的，不用受教条拘束！"

"好吧。秀才爸爸，请继续你的表演！"小燕子说道。

"古代有诗，现代有诗，古今都是怀人都是乡愁，这就是我们中国人在寒露时节共同的情感。我们共情，还有一首流行的老歌，叫《九月九的酒》。这里，我引用几句歌词，作为此次受邀即兴表演的结束语。'又是九月九，重阳夜难聚首，思乡的人儿，飘流在外头。又是九月九，愁更愁情更忧，回家的打算，始终在心头。走走走走走啊走，走到九月九，他乡没有烈酒，没有问候……走到九月九，家中才有自由。'我的表演结束了，掌声在哪里？"

半天没说话的孙湉湉，这时带头鼓起掌来。熊孩子却说："爸爸，你也要掌声？！"

"每个人都要被人鼓励的，都需要掌声。是油车，就要加油；是电车，就要充电。好了，我们继续爬山，走走走走走啊走，走到九月九……"

"爸爸，快到山顶了，不要再磨磨叽叽。"这时，跑在前面的赵小燕叫了起来。

"好的,我赶上来了。"不一会,四个人都登上了东宝山的山顶。第一个发出登高感叹的是孙涨涨:"哎呀,好开阔呀!登顶以后风景太美了!"

熊孩子也叫了起来,说道:"感觉爽、爽、爽。刚开始,爬呀爬,还挺累人的。真爬上来,觉得再累也值得。爸爸,你看,远处大海里还有一条船,应该是条大船,但看起来好小呀!"

这时,三耳秀才却说:"一路上,你们说我磨磨叽叽,哈哈哈,你们可知道,这一路上,我想起了一句金句。"

"什么金句,快说呀!"赵小燕催道。

"听好了:**读书如秋日登山,风光在路上,境界在山顶。**▶▶

"秀才老师,这句话真好!"孙涨涨赞道。

三耳秀才接着说:"你们再往深处仔细想一想,风光在哪里,境界又在哪里,风光和境界,是什么关系?读书过程中的困难,当时是困难,让你难受,可当你克服了,超越了,回想起来,那些困难还是困难吗?回首向来萧瑟处,也无风雨也无晴。所以,克服困难的过程中,都是风景,都是风光。你们现在还小,还不太懂,但是,你们要记住我一句话:困难就是台阶,困难就是人生路上一道极独特的风景!"

小燕子抢白了一句:"爸爸,你说的太多了!'会当凌绝顶,一览众山小',四周这么辽阔,你多看看,不好吗?"

106

趣味小拓展

孙湉湉：小燕子，讲节气，得讲物候，那么物候里有哪几股风？

赵小燕：三股风分别是东风、温风和凉风。

孙湉湉：说仔细点嘛。

赵小燕：立春第一候是东风解冻，东风也是春风。到了夏天，小暑第一候是温风至。温风是热风，也指方位，温风就是南风。秋天嘛，立秋第一候是凉风至。凉风就是凉爽的风。你知道，凉风从哪里来？

孙湉湉：是从西方来，对不对？

赵小燕：对！为什么在冬季的物候不提北风？

孙湉湉：这个问题有点难度，可能没有标准答案。

赵小燕：我想也是这样，很多事情都没有标准答案。

霜降

节气三候
一候豺乃祭兽
二候草木黄落
三候蛰虫咸俯

做红叶书签，送给好朋友。

我的节气小目标

小百科
最大的节气
一年之中昼夜温差
大概到达最终210度
公历10月23日或24日
秋季最后一个节气

习俗
吃柿子
秋补吃羊肉
寒衣节祭祖扫墓

我喜欢的好词好句
一年好景君须记，
正是橙黄橘绿时。

二十四节气思维导图之霜降

霜降：柿子当封凌霜侯

半个月以前，孙湉湉跟着小燕子一家去登东宝山，很是开心，期待着下次出行。不久，机会又来了。霜降这天，三耳秀才带赵小燕和孙湉湉去狮子山柿子林采风。

到了柿子林，大家都很兴奋，作为小吃货的湉湉更是兴奋："快看快看，这边真好看。哎呀！那边也好看。"

小燕子说："弟弟大力不肯来，肯定要后悔的。"

三耳秀才说道："听爸爸的肯定没错。这次满意吧？！"

"满意，超级满意！"小燕子笑出声来。

"现在是霜降，所以爸爸特意带你们到山里来，呼吸呼吸山里的好空气，看看挂在树上的柿子红。树上的，和水果店里的，不一样吧？！"

"爸爸，我造个句，怎么样？"小燕子来了灵感。

孙湉湉抢着问了一句："小燕子，用什么造句？"

"'与其说是……不如说是……'来造一个句子。爸爸，你不是说过，写文章有个讨巧的妙招吗，有意在关键处用上一两个高级句型，文章一下子就高端、大气、上档次了。"

"那，我可要洗耳恭听了。"三耳秀才微笑着。

　　"霜降节气，山里的柿子，与其说是吃的东西，不如说是一道红火的风景线。怎么样？"

　　听了小燕子造的这个句子，孙湉湉略一思考，也造了一句："霜降节气，山里的柿子，与其说是一道红火的风景线，不如说是元宵节夜晚的红灯笼。"

　　三耳秀才满意地笑起来："不错不错，两个比喻都不错。想不

到，你们已跨越了吃的层次，进入了审美的境界。真不错！"

山中徐行，边走边聊。不一会，三人走到一棵高大的柿子树下，不约而同仰起头，望着橘红的柿子和不动的白云。三耳秀才拍了拍柿子树的树干，口气宏大地说：

"此树，当封为凌霜侯！"

小燕子问道："爸爸，你这是干什么呀！口气好大，你以为你是皇帝吗，还封侯！"

"哈哈！告诉你们一个历史大秘密：柿子救命，士子治国。"

"柿子救命能理解，柿子治国又是什么情况？"

"'柿子'和'士子'，是谐音梗，'柿子救命'，指的是树上的柿子，'士子治国'，指的是读书人，士大夫。"

泔泔问道："那士子怎么就治国了呢？"

"那就得说很久以前了。元朝末年，朱元璋还没当上皇帝。那时他还小，家里穷，只得去当和尚。时逢天灾，寺庙也穷啊，他只得外出当游方僧。说白了就是要饭。要饭要饭，饭也不是那么好要的。这一年闹旱灾，朱重八，哦，我忘了说，朱元璋那时名叫朱重八。"

"秀才老师，重八是什么意思？"小吃货问道。

"朱家孩子多，他排第八，是老小，所以叫重八。"

小燕子说："爸爸，你接着说故事吧。"

"前面说到饭不好要。相传霜降这一天，朱重八饿晕了，迷迷糊糊睡着了，醒来时发现原来他正躺在一棵柿子树下，抬眼一看，树上有不少柿子，低头一看，地上也有不少落下来的柿子，这下好了，他有得吃了。就这样，朱重八吃柿子吃了一个饱。"

"吃柿子也能吃饱？"小燕子好奇起来。

"小燕子啊，一个人真饿到极点，吃什么不能吃饱呀？哪像你们现在，挑东挑西，家里的水果都能放坏了哟！"

小燕子说道："爸爸，时代不同了。不要拐着弯教训我了，接着说你的故事吧！"

"后面故事就简单了。那次吃柿子吃了个饱，朱重八印象深刻，觉得那棵柿子树就是他的救命恩人。再后来，他参加了农民起义军，碰到众多英雄好汉不说，也碰到了不少读书人，他们给他出谋划策，什么'高筑墙，广积粮，缓称王'。后来，朱重八成了

朱元璋，当上了皇帝，即明太祖。"

小燕子追问："再后来呢？"

"再后来，他想给一个叫做李善长的读书人封侯，但那帮在战场上拼命冲杀的武将有意见，说：'我们是提着脑袋打仗，这帮读书人，不过坐在办公室——不对，坐在屋里头动动嘴皮，凭什么给他封侯，我们不答应，坚决不答应！'"

"那怎么办呢？"小燕子说。

"相传，朱元璋把这些人都带到了那棵柿子树下，对他们说'昨天夜晚，我做了一个梦'。"

"他做了一个什么梦？"孙湉湉问。

"他说他在梦里碰到一个神仙，神仙指点他八个字。"

"哪八个字？哦！我想起来了，就是'柿子救命，士子治国'，爸爸，对不对？"小燕子得意地说。

"对，就是这八个字。然后，朱元璋就像我这样，拍拍柿子树的树干，声音洪亮地说道：'柿子救命，士子治国。此树，当封凌霜侯！'"

"哈哈，就这么个凌霜侯呀！"

"朱元璋语音刚落，身边的人齐声说道：'皇上圣明，吾皇万岁万万岁。'"

小燕子失声笑了起来："哈哈……爸爸，你这是在演戏吗！"

"就这样，有了凌霜侯，朱元璋要封赏读书人就顺理成章了，

那个李善长'封韩国公,授免死铁券两次'。就是说,李善长如果犯了死罪,可以免死免两次。"

小燕子追问道:"爸爸,你这说的是正史还是传说呀?!"

"有正史,也有民间传说,还有我的演绎。哈哈。"

"好吧!故事完了,我的肚皮也饿了,我们中午吃什么呀?柿子只能当水果,不可能当正餐,爸爸,你不会让我们只吃柿子吧?!"小燕子说。

"你俩先吃个柿子垫垫肚子吧!这叫'事事如意'。"

小燕子笑道:"又是个谐音梗!"

趣味小拓展

赵小燕:老弟,你感冒几天了?

李大力:我快好了。

赵小燕:那我问你,什么节气容易生小病?

李大力:节气还管得着生病呀?我不知道。

赵小燕:就是惊蛰呀。惊蛰,气温波动大,有时还有倒春寒,我们一不小心着凉,开始活跃的病毒就有了机会,小病就上了身。

李大力:那,惊蛰怎么办?

赵小燕:吃一种水果。你猜?

李大力:惊蛰吃梨呀!我也问你,秋季霜降,我们吃什么?

赵小燕:吃两个柿子——事事如意!

立冬

大地硬起来了。

小百科

冬季的第一个节气
太阳到达黄经 225 度
公历 11 月 7 日前后

习俗

天子迎冬
祭冬神
开炉节
吃饺子
寒衣节
酿黄酒

节气三候

一候水始冰
二候地始冻
三候雉入大水为蜃

故事传说

孟姜女送寒衣

花店不开了，花继续开。

我喜欢的好词好句

我的节气小目标

看完一本
王阳明的传记。

二十四节气思维导图之立冬

立冬：上讲台，熊孩子像模像样

　　每到放学时间，大夏小学门口都有一道亮丽的家长风景线。本来，平常接送孩子的大多是孩子的妈妈，今天，难得三耳秀才有了空闲，便开着车汇入了家长的车流之中。

　　在车里等了好一会，其他家长和孩子走得差不多了，熊孩子李大力才冲出校门。他冲到爸爸的车门边，兴奋地说："爸爸，今天怎么是你来？"

　　三耳秀才说："今天是立冬，立冬吃饺子的，你妈妈去买菜包饺子了。"

　　"爸爸，立冬吃饺子，冬至也吃饺子，春节还得吃饺子！一年之中，怎么要吃这么多饺子？吃饺子的寓意是一样的吗？"

　　"哈哈哈"，三耳秀才坐在驾驶室，笑着对大力说，"你这个问题问得真好。饺子，最初就是和冬至相照应的。冬至这个时间点很重要，所以，民间又玩起了谐音梗，筷子掉地上叫'快乐（筷落）'，福字倒贴在门上叫'福到了（倒了）'。"

　　"筷落——倒了——哈哈，好玩！"

　　"饺子的谐音就是'交子'，交换的'交'，如此一来，便是代表新旧交替，是一个极其重要的时间节点了。后来，立冬和春

116

节这种代表时间变换的大日子，都兴吃顿饺子。你说说，这么多饺子，有没有共同的意思？"

"爸爸，立冬吃饺子，具体指什么？"

这时，三耳秀才突然问道："你姐姐怎么还没出来？"

熊孩子立马说："姐姐班上也有活动，还没结束呢！"

三耳秀才"哦"了一声，接着说饺子："立冬吃饺子，就是告诉我们，春走了，夏走了，秋也即将要走了，我们要迎接的是一年之中的另一番大气象了。"

"爸爸，我知道了，立春不是春，立夏不是夏，立秋不是秋，立冬也不是冬，但四立，每一个立都提示我们：请大家做好准备，前方即将到达春、夏、秋、冬了。"——说到这里，熊孩子自己也笑了起来。

三耳秀才扭头看了一下熊孩子，说道："你笑什么呀？"

熊孩子露出得意的神情，看着爸爸，认真说道："爸爸，今天我可露脸了，大大地露脸了。"

"露脸，还大大地露脸？说说看！"

接下来，熊孩子就讲了，他们班班主任平时组织学生轮流上台演讲，今天上台的是三个人，其中，他李大力获得的叫好声欢呼声最高。

三耳秀才装着不明白的样子，问道："什么让同学为你叫好？还欢呼？！"

"爸爸，是这样的。我不是在班上当小组长嘛，我们班三个小组长。今天不知怎么搞的，班主任王老师点将叫我们三个人分别站在台上，每人三至五分钟，随便讲，结果，我讲得最好，所以叫好声最高！"

三耳秀才还是不明白，接着问："你讲什么啦？快说说。"

熊孩子说："我就是讲你的'赵钱孙李'，大家欢呼的是我的口头禅：**上课淘宝，下课淘气，中国少年淘未来。**"

三耳秀才有点得意，说："就这一句吗？"

"爸爸，当然还有，读书就是引体向上，不努力就是自由落体。这是小吃货孙湉湉的。还有你私下跟我说的一句话写作大法：另起一行空两格。"

"我写的《海藏诗》，你背出来没有？"

"背过背过。'万人如海一身藏，一溜一溜排成行。穿好校服谁在乎？露个鬼脸也无妨。神龙见首不见尾，大考来临也很忙。云里雾里少年梦，一鸣惊人看孙郎'。我背了以后，还有同学问为什么是看'孙郎'不是看'李郎'？"

"哎呀，我们的熊孩子，你在这个立冬，开了一个好头，这个冬天一定会过得好好的。晚上饺子多吃两个。"

"什么多吃两个？"这时，有人敲了敲车窗，原来是赵小燕赶到车子旁边来了。

"快上车！快上车！"三耳秀才高声说道："我们回家吃饺子啦！"

趣味小拓展

孙湉湉：秀才老师，如果班级活动要我们介绍节气，要简单要明了，应该怎么说？

三耳秀才：哈哈，这个问题是个大问题。2016年，我们中国在联合国去申遗，是不是也面对这个大问题呀？

孙湉湉：对呀对呀！还真是的。

赵小燕：秀才爸爸，那我们是如何申遗的？

三耳秀才：从结构来说，就是一个副标题和三个层次。

孙湉湉：什么副标题呀？

三耳秀才：我们申报的"二十四节气"，副标题就是"中国人通过观察太阳周年运动而形成的时间知识体系以及实践"。你们想一想，这个副标题，定位准不准？

赵小燕：秀才爸爸，那三个层次是什么呢？

三耳秀才：第一层次，"天行有常——中国人世代传承的时间观"。第二层次，"顺天应时——传统知识体系与社会实践"。第三层次，"天人合一——文化意义与社会功能"。

孙湉湉：知识点超纲了，我还是先从第一层次给同学们讲吧！

三耳秀才：对喽，一步一步来。

小雪

老天很难受，所以想下雪。

我喜欢的好词好句

江南的雪，
可是滋润美艳之至了；
那是还在隐约着的青春的消息，
是极壮健的处子的皮肤。

习俗

腌寒菜
晒鱼干
酿小雪酒
吃糍粑

小百科

冬季的第二个节气
太阳到达黄经240度
公历 11 月 22 日前后

节气三候

一候虹藏不见
二候天气上升地气下降
三候闭塞而成冬

我的节气小目标 背诵十首有关雪的诗词。

二十四节气思维导图之小雪

小雪：老天爷的脸色真难看

"这熊孩子，真皮！"熊孩子的妈妈晨跑回来，抱怨道。

三耳秀才马上应道："怎么啦？大力不是上学去了？"

"我跑步回来，在门口碰到你的宝贝儿子，他要我抱一抱他，我就弯腰去抱呀，谁知，他却让我结结实实吃了一个'大棒冰'。"

"什么'大棒冰'？"三耳秀才不解地问。

"什么'大棒冰'！就是这熊孩子把手伸到我的脖子里去了，弄得我一激灵。他还问我，'妈妈，要不要吃大棒冰''大棒冰好吃吧'！一转身，就跑没影了。"

三耳秀才暗笑，说道："够呛。到小雪，天冷，你这个'大棒冰'，吃得可真够呛！"

"这几天跑步，早晨的空气很不好，也不知道为什么。"

"小雪时节，老天就该是这个样子的。我写节气，曾经出过两个有关节气的问题，都是关于小雪的。"

"哪两个问题？节气专家也给我讲讲。"熊孩子妈妈好奇起来。

"小雪三候，分别是'虹藏不见'，'天气上升地气下降'，以及'闭塞而成冬'。你注意'天气上升地气下降'。"——三耳秀才在说这句话时，还特意给妻子做了一个动作来比拟："天气，往

上走；地气，往下沉，这时节，天地不交流了，所以，空气质量不会好，天气更不会好。"

"那你出节气问题，就在这上面出？"

"是的。你看我出的巧不巧？第一题是，一年二十四节气，在哪个节气，我们最应该戴口罩？"

"空气不好，所以要戴口罩。出的题角度很刁呀！第二题呢？"

"第二题是，一年之中，哪个节气，老天爷的脸色最难看？"

"跟脸色有什么关系？"

"一般人都认为，天气不好，出现雾霾，跟污染有关。雾霾跟污染有多大关系，我们暂且不论，我问你，什么时候会出现雾霾天呢？你也不用细想了，我明确告诉你，小雪时节，在江南，阴沉沉，老天爷的脸色不好看。在北方，老天爷的脸色更难看。为什么？天地不通，雾霾就是这个时期的大概率事件。"

"呃！是这样的呀！我天天跑步，那这几天是不是要停下来？"

"跑成习惯了，就不要停了。只是，要特别注意安全。小雪，不仅老天爷的脸色难看、心情不好，而且这容易使我们人也心情不好。这段时间，不少人很容易来气。"

"小雪，老天爷的脸色这么不好看，那为什么不少人给孩子取名还用'小雪'呢？"熊孩子的妈妈问出新问题来了。

◀◀ **物极必反，在绝望中寻找希望**。现在不是流行'反转'吗？小雪就是一个反转的季节。老天阴沉沉，甚至出现雾霾。这些，

我们多是从不好的方面来理解的，其实，这种天，也是老天在练内功，在酝酿瑞雪。再往前走一点，今年的第一场雪就降了下来。"

"原来大自然也有反转呀！难怪人们爱说一切都是最好的安排。"

"郑板桥，知道吗？大画家，有个性，他就出生在阴历的十月二十五，这一天是民间'雪婆婆'的生日。因为爱雪的高冷和纯洁，郑板桥给自己刻了一方闲章，文字是：'雪婆婆同日生'。"

"这样说来，名字叫小雪的，有瑞气、喜气，还有文气！"

趣味小拓展

赵小燕：大力，我问你，人们是从什么时候开始盼望春天的？

李大力：就是天冷的时候呗！是小雪，是大寒？

赵小燕：不对，是冬至。

李大力：姐姐，为什么是冬至？

赵小燕：冬至，我们开始数九。一九二九不出手，三九四九冰上走。弟弟，你再动动脑子，我们为什么要数九呢？

李大力：哦，原来这样呀！

赵小燕：爸爸讲过，在唐朝，清明是以冬至为起点来计算的，冬至后一百零八天就是清明。到了清明就是美好的春天了。为什么这样计算？就是因为，冬至严寒，大家开始想春天了！

我的节气小目标

看南方的海，
看远方的大船。

大雪

习俗
滑冰
腌腊肉
赏大雪封河

节气三候
一候鹖鴠不鸣
二候虎始交
三候荔挺出

故事传说
寒号鸟

小百科
公历12月7日前后
太阳到达黄经255度
冬季的第三个节气

我喜欢的好词好句
白雪却嫌春色晚，
故穿庭树作飞花。

二十四节气思维导图之大雪

大雪：寒号鸟，"不"鸣惊人

姐弟俩做完作业,跑到爸爸的书房五更涵,熊孩子先说话:"爸爸,好奇怪呀!"

"大力,什么好奇怪?"

"寒号鸟好奇怪!"

"是不是知道了寒号鸟不是鸟,觉得奇怪?"

"才不是呢!你小看我了。我们语文课本上学过《寒号鸟》,我早已知道寒号鸟不是鸟,而是复齿鼯鼠,像松鼠又像蝙蝠,在森林里、在树上生活,在树洞里做窝,在石洞石缝里安家。"

"那你奇怪的是什么呀?"

"我奇怪的是,寒号鸟不赚钱买房,而是偷懒躺平,死在寒冬里,那么,第二年怎么还有寒号鸟出来?大雪第一候就是寒号鸟不再叫了,既然寒号鸟是一个隐士,古人怎么会把它作为时令的物候呢?秀才爸爸,你见过寒号鸟,听过寒号鸟的叫声吗?"

"问题太多,容我慢慢说道。先说名字吧!'那又鸟',我用一下刀郎流行歌曲里的一个词吧,'那又鸟',最早也最率真的名字,并不叫寒号鸟,而叫盍旦。古人为什么叫它盍旦呢?根据爸爸的研究和思考,这个名,有拟声,有示意。先说第一个字,盍

126

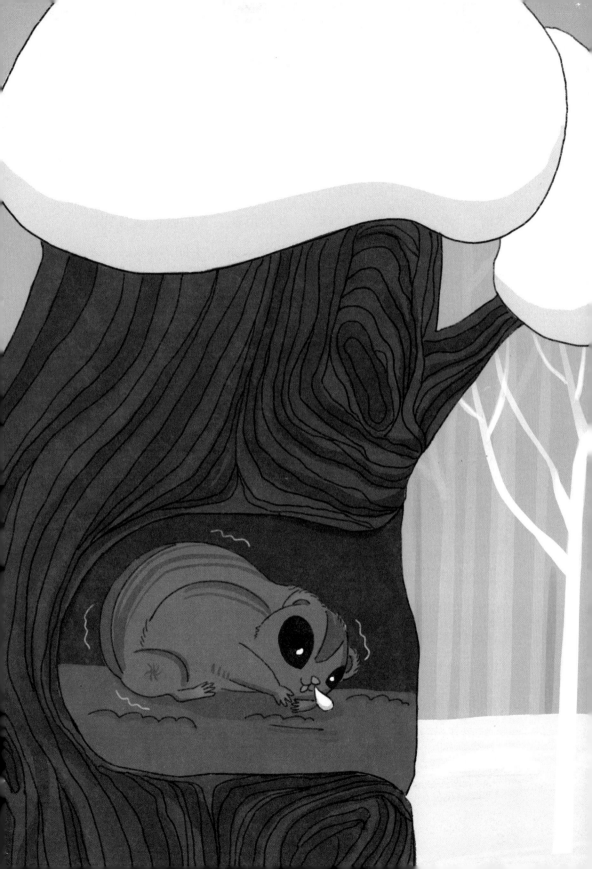

旦的'盍'，应该是它叫的声音。我没有见过寒号鸟，自然也没有听过它的叫声。不过资料上说，它的叫声，有点类似鸡叫，什么'喔''咯''啰''喱''哆'，也是拟音，人们就慢慢解读成几个意思。第一个意思是'冻杀我，冻杀我，天明垒个窝'。第二个意思是'得过且过,得过且过'。第三个意思是'凤凰不如我'。再说第二个字，旦。旦，就是它夜晚叫，一直叫到天明，你可以说它的叫是在呼唤光明。来看一看古人的解释。"

"爸爸开始引经据典了。"小燕子开口插话。

"那当然。《诗》作盍旦，《礼》作曷旦，《说文》作渴鴠，《广志》作侃旦，《唐诗》作渴旦，皆一声之转，皆随义借名耳。"

"看来，爸爸没有乱讲。"小燕子似乎在表扬爸爸。

"后来，盍旦，慢慢演变成了鹖鴠。读音没有变，字形却显得高雅起来。"

"爸爸，你讲得很有道理。我疑惑的是,它夜晚叫,我们听不见,古人为什么能听见?"

"时代不同呀！古代没有钢铁森林，人们住得比我们更靠近大自然，比如森林旁边。这样，能听到寒号鸟叫，就不奇怪了。在先秦诗歌里，人们就已把寒号鸟当成了候时之鸟了。"

熊孩子问了一个更深的问题："那么多的动物，那么多的鸟，怎么非得选中它当代表呢?"

"它,还有另一个名字叫独春。字面上,就是一个人在干活——

128

冬

舂米。显然，这也是人类意识的投射。这也可以当成寓言来理解。到了大雪，寒号鸟不叫了，就是时节让人们不必再干农活了。现在叫"猫冬"，叫休假。总之，你该好好休息一下啦！"

"秀才爸爸，你的理由可真现代！"小燕子似乎有点怀疑。

"为了国家，为了百姓，有人愁得失眠了。万籁俱寂，就更容易听到它的叫声，自然也就把它当作了知音。我们来看这首诗吧！《礼记引逸诗》（先秦）云：'昔吾有先正。其言明且清。国家以宁。都邑以成。庶民以生。谁能秉国成。不自为政。卒劳百姓。相彼盍旦。尚犹患之。'在这首诗中，在古代人的心目中，寒号鸟可是正面的形象。它的叫声，传达的是忧患之心声。"

"反差好大呀！我们读课本上的《寒号鸟》，可都把它当作反面的典型了。这个转变，是如何来的？"小燕子再问爸爸。

"你们读的《寒号鸟》，故事可追溯至隋唐两宋时期，寒号鸟多被称作'寒号虫'。到了元代，陶宗仪在《南村辍耕录》中写道：五台山有一种鸟，名叫寒号虫，有四只脚，不能飞。到了盛夏，羽毛色彩绚烂，就得意地叫着：'凤凰不如我。'到了深冬严寒之际，漂亮羽毛都脱落了，光秃秃的像刚出生的幼鸟，于是又悲啼：'得过且过吧。'这和我们现在讲的寒号鸟的故事没有大的区别了。到了明清两代，寒号鸟的叫法流行开来，李时珍在《本草纲目·禽部》中说：鹖旦乃候时之鸟也，五台诸山甚多。其状如小鸡，四足有肉翅。……其屎恒集一处，气甚臊恶，粒大如豆。

采之有如糊者，有粘块如糖者。"三耳秀才拿出事先准备的资料，对两个孩子细细道来。

"咦……真恶心。"小燕子听到后面，扇了扇鼻子。

三耳秀才说道："其实，从小小的寒号鸟身上，也能讲出一堆道理来的。"

"什么道理？"熊孩子提出要求了，"爸爸给我们讲一讲。"

"寒号鸟叫也好，不叫也好，都是自然之应声，对人来说是一种昭示、一种引领：到了大雪时节，劳累了一年的人们，该吃吃，该喝喝，享受一段时间的清闲，享受一个猫冬的快乐吧！往大了说，是天人合一；往小了说，是人间烟火气最抚凡人心。"

"哈哈，那我去躺平睡觉喽！"熊孩子说。

趣味小拓展

三耳秀才：大力，一年二十四节气，有哪些节气适合好好学习天天向上？

李大力：是芒种？

三耳秀才：哈哈。正确答案是，如果你愿意，二十四个节气，都适合好好学习天天向上的哟。

李大力：哎呀，上当了。爸爸，我问你，一年有多少节气，适合早锻炼哟？！

三耳秀才：不错，臭小子，学会举一反三了。

大地之声：泉水叮咚响，跳下了山岗……

冬至

习俗

天子祭天
民间祭祖
提冬数九
吃饺子

节气
三候

一候蚯蚓结
二候麋角解
三候水泉动

小百科

冬季的第四个节气
太阳到达黄经270度
公历12月22日前后

我喜欢的好词好句

无善无恶心之体。
有善有恶意之动。
知善知恶是良知。
为善去恶是格物。

我的节气小目标

睡一个大头觉，
并测量这一觉睡了多久。

故事
传说

汤团的典故

二十四节气思维导图之冬至

冬至：社区学校说伟大

　　宝山市有个"宝"，那就是搞得红红火火的社区学校，米发米发社区学校是其中之一。

　　冬至这天下午，米发米发社区学校的大会议室里坐满了人。在一片热闹声中，主席台上一位干练的中年女士站起来，大家都静了下来。她说："大家好。欢迎来参加我们社区学校举办的'节气里的中国'系列讲座。我是这所学校的校长、宝山市首批阅读推广人。我叫右耳，左右的右，耳朵的耳。惊蛰时，我们在'三字经'书店做过一次'小虫子'总动员书香活动，不知在座有没有人去参加过？"

　　"我和姐姐赵小燕参加了！"李大力自豪地举手。

　　右耳笑着看了看李大力，接着说："今天，我们很荣幸邀请到我们的社区达人、节气专家三耳秀才老师来参加我们的系列活动。今天这次活动，除了秀才老师在台上作讲座，大家也要动起来哦，我们采取茶叙的形式，边吃东西边向秀才老师提问题，好不好？这里，我带个头，先向秀才老师提个问题。"右耳老师对坐在她旁边的三耳秀才说："请教一下秀才老师，我们平时总爱讲几号到什么节气，那么，二十四节气就是讲时间的吗？"

三耳秀才站起身来，挥挥手向大家打了个招呼，回答道：

"刚才校长提的问题非常好。我个人认为，几号到什么节气，这叫交节。就是一个节气结束了，下一个节气开个头。在整个二十四节气里，当然不仅仅讲时间的。大家知道，2016年，我国的二十四节气被正式列入联合国教科文组织人类非物质文化遗产代表作名录。我们申报的项目是'二十四节气——中国人通过观察太阳周年运动而形成的时间知识体系及其实践'。就我理解，如此提法是因为二十四节气关乎中国人的宇宙观、生死观和幸福观等。所以，讲节气，可不是仅仅讲讲时间的。"

讲到这里，三耳秀才看了一眼现场的孩子们，说："参加今天活动的，还有不少小朋友，我们准备了一个小游戏，由李大力带领大家来完成。游戏共有三个步骤。第一步，把发到手上的红纸剪成一朵朵红梅花。第二步，我准备了九个字，小朋友们用马克笔在红梅花上写上这九个字。第三步，把九个字排列起来。现在，小朋友们，你们跟着李大力到旁边去做这个游戏，好不好？"

一阵欢呼和响动，小朋友在一旁围成了孩子圈。这边，茶叙也正式开始了。因为今天是冬至，所以大家的问题也集中在冬至，而三耳秀才的重点就是强调冬至的重要性。"国之大事，在祀在戎"，意思是在古代，国家的重大事务，在于祭祀与战争。而最重要的祭祀活动，就是祭天。祭天在什么时候？就在冬至。祭天需完成一个大任务——确定或显示谁是"天"的"儿子"，即天子。

有了天子，人间的秩序一下子就理顺了。这也是古代中国天文的最大职能，用现在的话来说，这就是"顶层设计"。此外，祭天对民间也有长久的影响。冬至祭天典礼往往也寄予着老百姓风调雨顺、安居乐业的朴素愿望。

互动完冬至祭天的重要性，三耳秀才反问了大家一个问题：现在各地流行修家谱，那么之后举行合谱典礼，大家会选在什么时候？

湉湉妈妈说："秀才老师，那一定是冬至。你讲了半天冬至，今天又是冬至，所以答案一定是冬至。"大家都笑了。

这边热闹的笑声还没消去，那边的小朋友就挥舞着手里的纸冲了回来。熊孩子李大力抢先说道："爸爸，我们完成了！"

"你们拼出来的字，一人拿一朵红梅花，展出来，站成一排，然后，你们再大声念出来。"三耳秀才迎着小朋友说道。一阵忙乱之后，在右耳校长的帮助下，小朋友一字一顿念出来的是：

"娇、娃、说、语、音、重、盼、春、急！"

当小朋友的童声落下来，三耳秀才站起来，对大家说："很好很好。这叫写九，这就是中国传统。大家注意到没有，我们选的九个字，每个字都是九笔。从冬至开始，古人就开始数九，过去的人数九的方式有点别致，每天写字只写一笔，一个字写完了就是一个九。陆续写完九个字，就是一九、二九、三九……直到九九艳阳天，也就是我们下一轮的春天来到了。不过，今天，我们小朋友是一次活动就把九九都写完了。这就叫'时光快递'，

小朋友一下子就把春天给我们盼来了。另外，我们的九个字，还可以有不同的组合。这里，我来念一个'三字经'版本的，大家听好了：娇娃说，语音重，盼春急。"

"娇娃说，语音重，盼春急。"小朋友也跟着说了一遍。三耳秀才接着说："总之，因为写九，我想跟大家分享的一句话就是：春天，是我们大家合伙盼来了。是不是呀？！"

又有游戏，又有吃的。社区学校的活动热火朝天，不知不觉就到了尾声。最后，三耳秀才总结道："冬至，是一年之中夜晚最长的一天。民间有 **眍眍冬至夜，嬉嬉夏至日** 的说法。所以，我希望小朋友大朋友今天晚上好好睡个觉，好好做个美梦！"

趣味小拓展

李大力：小胖墩，我正儿八经问你一个问题。

钱壮壮：你说吧！什么问题，还正儿八经。

李大力：二十四节气中，老大老二老三老四是谁？

钱壮壮：这个，我真不知道。

李大力：天地日月，二分二至，就是老大老二老三老四。

钱壮壮：理由呢？

李大力：天地日月。冬至祭天，冬至最大；夏至祭地，夏至老二；春分祭日，春分老三；秋分祭月，秋分老四。

我的节气小目标

到祖国的北方赏雪，看美妙的冰雕。

小寒

喜鹊自己"建房"，开始施工啦！

小百科

公历1月6日前后
太阳到达黄经285度
冬季的第五个节气

习俗

腊祭
备年货
吃腊八粥
泡腊八蒜

节气三候

三候雉始雊
二候鹊始巢
一候雁北乡

我喜欢的好词好句

小寒连大吕，
欢鹊垒新巢。

故事传说

腊八粥的故事

小寒：腊八粥，热心肠

宝山市有座狮子山，狮子山上有座三童寺，三童寺离市区不近也不远，腊月初八一大早，三耳秀才开着车，带着赵小燕、李大力、钱壮壮三个娃直赴三童寺而去。

前天夜里刚下了一场大雪，进狮子山的路上，看着车窗外的雪景，孩子们很兴奋。

三童寺正门前像过节似的，好不热闹！寺庙正门左边不远处有一个大池塘，右边是一条宽宽的大路，路边有一株梅花。大路中央，两个粥棚前排着两条长长的队伍，腊八粥的温热香气撩拨着所有人的味蕾。一行人来到队伍前，眼尖的赵小燕喊了一句"妈妈"，随即转头说："我看到妈妈了。咦，我还看到湉湉了。"

三耳秀才笑了起来："知道你们太早起不了床，所以你妈妈和湉湉妈妈带着小吃货比我们早两个小时就来啦！"

熊孩子问："来这么早干什么？"

"来领腊八粥呀！早点来，喝到头一锅粥，讨个新年好彩头！"

熊孩子不解："这也太麻烦了吧？不就是一碗粥嘛，还不如自己在家煮呢！"

"也就你这懒虫会这样想，"三耳秀才拍了拍他的头，继续说道："这类事，认为值得的人，就觉得有意义。"

"为什么认为值得的人认为值得？"小燕子绕起舌来。

"自己做腊八粥有讲究，而寺庙的不仅有讲究，还更有讲头。寺庙里的粥，也叫佛粥、福德粥。在古代，寺庙会在腊八这天向贫苦百姓施粥。这个传统相沿至今，后来老百姓自己也效仿着做腊八粥吃。"

熊孩子还是不明白："寺庙为什么要做腊八粥呢？"

"很久很久以前，一个遥远的国家，国王叫净饭王，国王有一个儿子，叫乔达摩·悉达多。这名字不好记吧？说他修道成佛后的名字，你就知道了。他叫释迦牟尼，是佛教的创始者。

"这个王子，心地善良，见不得大家受苦受难。可是，人间总免不了这苦那苦的。他便想着，得去寻找根本解脱之法。于是，他舍弃了奢华的皇家生活，出家修道了。相传，他在雪山苦苦修行六年，常常一天只吃一麦一麻。后来，他发现一味苦行并不能解脱，于是下山。下山途中，他见到一个牧羊女。这位牧羊女见王子太虚弱了，便熬乳糜——用奶和谷物混在一起加水煮熟，让他吃下。王子的体力得到恢复，随后他在菩提树下入定七日，在腊月初八，夜睹天上的明星而悟道成了佛，也就是说，变成了我们现在所尊奉的释迦牟尼。佛教传入我国后，腊八也就成了佛祖的成道日，各寺院举行法会，便效法牧羊女献乳糜的做法，用香谷和果实做成粥，赠给门徒和善男信女们，名为腊八粥。"

"这传统，还和佛教有这么深的关系呀！"小燕子听完，立马又问道："爸爸，那我问你，我国的节气文化，也讲外国的东西？"

"这就是中华文明的特点了——包容。"

一直没有吱声的钱壮壮，这时插了句话："吃上了，还能有诗，那就是好文化。"

"哈哈。"三耳秀才笑了起来，"清朝有一首关于腊八粥的诗，很有趣：'开锅便喜百蔬香，差掺清盐不费糖。团坐朝阳同一啜，大家存有热心肠。'这四句中，我最喜欢——"

话还没说完，三个小朋友齐声说道：**大家存有热心肠！**

被抢白的三耳秀才反而感觉欣慰。正聊着，两位妈妈和洭洭捧着热气腾腾的粥喜笑颜开地向他们走来。趴在石桌上喝完了粥，孩子们心满意足地摸着自己的肚皮，身上暖暖的。

接下来，最让人兴奋的就是雪了。难得江南有大雪，而且，山里的雪更是"滋润美艳之至"，不打雪仗、不堆雪人，那是说不过去的。一阵热闹的雪仗过后，大家开始堆雪人。四个孩子一通手忙脚乱，熊孩子的帽子到了雪人的头上，钱壮壮找来了一根棍子给雪人当宝剑，雪人的脖子上不知系上了谁的一条红围巾……一个小时后，一个别致的雪人就在寺庙梅花树下站立起来了。

三耳秀才看着雪人，说道："孩子们，咱们来斗诗吧？以雪为主题。谁输了谁就吃个'大棒冰'！"四个孩子立马热情响应：

"千山鸟飞绝，万径人踪灭，孤舟蓑笠翁，独钓寒江雪。"

"窗含西岭千秋雪，门泊东吴万里船。"

"北国风光，千里冰封，万里雪飘。"

…………

"忽如一夜春风来，千树万树梨花开。"

"小吃货你输了！这句没有雪！"熊孩子说着就要给湉湉吃"大棒冰"。

钱壮壮马上抱不平："湉湉没错，这里是比喻，形容边塞的天气变化无常，大雪来得又快又多。"

三耳秀才赞许地看着钱壮壮，说："今天这个日子，诗含量很高呀，你们最喜欢哪一句呀？"

熊孩子大声道："爸爸爸爸，我最喜欢的是——大家存有热心肠！"

趣味小拓展

李大力：姐姐，考你一个成语，白驹过隙，你知道吗？

赵小燕：这个还不简单，就是说时间过得飞快呗！

李大力：那么，哪个节气，让你感觉到白驹过隙？

赵小燕：这可难不住我。爸爸说过，从立春到大寒是一年，从大寒到立春只一瞬。一瞬，就是白驹过隙。

李大力：姐姐威武！

大寒

小鸡子的叫声，真是好听！

习俗　节气三候

腊月除尘
尾牙祭
赶年集
小年祭灶

三候水泽腹坚
二候征鸟厉疾
一候鸡乳

小百科

冬季的第六个节气
太阳到达黄经300度
公历1月20日前后

故事传说

『年』兽的故事

我喜欢的好词好句

顿悟，从大寒到立春只一瞬。

做一个暖手宝送给妈妈。

我的节气小目标

二十四节气思维导图之大寒

大寒：说到最后说圆满

"爸爸，你不给我讲点什么吗？节气旅行都快结束了！"李大力闯进爸爸的书房，"质问"起爸爸来了。

秀才爸爸大笑起来："熊孩子真够熊的。不过，巧了，我正想来个大总结。你去把你姐姐小燕子也叫来。"

不一会儿，赵小燕也来到了书房。书房内开着取暖器，连空气也是暖和的。

"今天，把你俩召集起来，是爸爸我想跟你们讲一个重要的概念，我们中国人最看重的观念，这就是圆满。"

"圆满，就是一个圆，我们看到这个圆，便觉得好，觉得满意了，觉得满足了。爸爸，我这样解释，对不对哟？"熊孩子抢先问道。

"这样的解释，从一个字到一个词，挺妙的，符合汉字的特点。"秀才爸爸表扬道。

"圆满就是乐观，就是希望，就是在春天里，就是，春天里，百花香，浪里格朗……"小燕子，说着说着还唱了起来。

三耳秀才应和道："当然当然。圆满当然也有春天的元素。"

"到了冬天，才是圆满"，熊孩子有点兴奋，说道："到了冬天，大家最后聚在一起，期盼过大年，吃年饭；吃年糕，年年高；大

家都说好话，你说我的好，我说你的好，大家都好。这才是实实在在的圆满！"

"讲得不错，小燕子讲出了春天的感觉，熊孩子讲出了冬天的特点。这说明，今年你们在节气之旅中都有了满满的收获。"顿了一下，秀才爸爸又说道："圆满，是一个大俗问题，也是一个大雅问题。这样吧，我认真准备一下，再跟你们讲。"

"哈哈哈，"熊孩子先笑了起来，"爸爸也认真起来了？！"

"当然。对语言，对文字，爸爸一直都是很认真的哟。但是，爸爸和你们交流，要想办法让你们听得进。我要是总板着脸，端着，你们喜欢吗？"

姐弟俩不吱声了。

过了半小时，三耳秀才从写作本上探出头来，清了清嗓子，叫小燕子和熊孩子坐端正，他正式开始了自己的演讲，演讲的标题就是"说到最后说圆满"。

圆满，是我们中国人的。

圆满，就是，外面一个方圆，里面一个美满。

跟着太阳走，圆满就在节气中。从立春到大寒，再碰到立春，就是一个圆，就是圆满。节气一直在循环着，转了一圈又一圈，也就是年去年来，也就是一个又一个的圆满。

节气中，任何一节一气乃至任何一个时间点，都可以是起点。

比如小满，又比如今天，一转，回到小满回到今天，也是一个圆，也是一个圆满。

如此圆满，还在生肖中，还在甲子中。过一个生日，我们长一岁，是一个小圆满。过十二个生日，走过十二个生肖年，是一个大一点的圆满。十二生肖经历五轮，就是一个甲子，我们就60岁了，那就是一个更大的圆满了。——哈哈，爸爸快抵达这样的甲子圆满了。

圆满就像天上月。天上的月亮，圆了缺，缺了再圆。但是，不管月亮运行在什么状态下，在我们中国人的心目中，天上的这颗月亮，都是圆的。或者说，我们中国人总是期待着月圆。

外面一个方圆，里面一个美满。里面，就是我们的内心，所以，我们说的圆满，我们要的圆满，就是觉悟。

对了，圆满就是觉悟。在光阴里，某个瞬间，你觉悟了，你看到外面的方外面的圆，都可以是圆的了。原来，生活就是这样，阴晴圆缺，加在一起就是圆满。单独看，你在阴里，你在晴里，你在圆里，你在缺里，可是，你内心，一直抱着圆满的信念，圆满的梦想，还有圆满的追求和圆满的获得。

外面一个方圆，里面一个美满。这圆满，包含着我们中国人的智慧，包含着我们中国人的信念。王阳明讲的是"吾心光明，亦复何言"，弘一法师讲的是"华枝春满，天心月圆"。所以，今天我们说的是，中国节气，总是让时光行走在圆满的路上！

145

听完爸爸的演讲，先是一通掌声，接着就是一串问题来了。

熊孩子问道："爸爸，你这样说，好像圆满无处不在似的？"

小燕子问道："这样说，遗憾也是圆满？"

熊孩子再问道："挨老师批，挨妈妈骂，也是圆满？"

小燕子再问道："考试没考好，也是圆满吗？"

"问得好！"三耳秀才迎着他们的问题，打起比喻来了，"这样说吧，天上的月亮，一直是圆的吧？可是，有时我们见的是月牙，有时还见不着，可是，真正的月亮一直是圆的呀！人生的圆满有似于此。"

"爸爸了不起，这样一说，还真是，圆满。"小燕子表扬起爸爸来了。

三耳秀才微笑起来，接着说："我们来说具体吧。比如说考试。一次考试你没考好，你会后悔之前没好好学，没好好复习，后悔了你会奋发，一奋发，就生出一股积极的力量。如此一来，会如何？爸爸我也经历了不少挫折不少失败，如今我给学生讲课，我能讲以及我讲的内容，很多就得益于这些挫折、这些失败。人生一定不会是一切顺利的，你一直想努力，你一直在努力，这就是——修得圆满。没有风雨就没有春天，就没有四季，就没有圆满。所以，从整体来看，过程都是圆满的过程，过程中的一切都是圆满的有限组成部分。就像我刚才说的月亮的圆，我们见与不见，她都在

天上，都是圆的。我们中国人就是这样：说到最后是圆满！"

说到这里，三耳秀才又加了一句，他说的是："从立春到大寒是一年，从大寒到立春只一瞬。请注意，新的圆满，又开始了。**我们的节气旅程，从未结束！**▶▶

趣味小拓展

三耳秀才：熊孩子，问你一个"超级大"的问题？

李大力：什么问题，还"超级大"？

三耳秀才：你是谁？你从哪里来？你到哪里去？这就是"超级大"的灵魂三问。

李大力：这和你爱讲的节气，有一毛钱关系吗？

三耳秀才：有。可不止一毛钱哟！利用节气，我们可以寻找一种答案。

李大力：爸爸你说，我洗耳恭听。

三耳秀才：灵魂第一问："你是谁？"答案是：我们是生活在这片大地之上的中国人。灵魂第二问："你从哪里来？"答案是：我们从中国先人创造的历史时空穿越而来。灵魂第三问："你到哪里去？"答案是：逍遥游，我们奔向未来的中国时空。

李大力：听不懂，"超级"听不懂！

女们的节气

women de jieqi

后　记

写作，宛如一次漫游

　　回溯一年前在杭州的读书节活动，我在台上演讲，一位出版社的老朋友正巧在现场。活动结束后，老友相约咖啡馆，一杯咖啡还没喝完，一本书的"订单"就成了。

　　在此之前，我的笔下已有了节气人物。"赵钱孙李"，春天赵小燕、夏天钱壮壮、秋天孙湉湉和冬天李大力。但是，新书有新追求，新时代少年，都是十多岁，都在上小学，写起来要表现共性，更要突出个性。"蜗牛背着那重重的壳呀一步一步地往上爬"。在不断"如切如磋、如琢如磨"的修改中，书稿形成了如今的模样。

　　作者刻画人物，人物也会反过来刻画作者。刻画，不仅指的是通过这本书的写作，三耳秀才作为作家向前了一步，而且慢慢地随着写作的深入，"三耳秀才"也成了书中的人物。在书中，不时被小燕子、熊孩子唤作"秀才爸爸"，被小胖墩、小吃货尊称"秀才老师"。

　　写给少年的书，心中得有少年。写一本书，能不能也直接借助少年的力量？——因为有了这一想法，在蒋静老师的帮助下，在中海房产宁波分公司的支持下，我发起组织了"小插画师"活动。这一活动，我形象地称之为：眼睛向下，寻找童真童趣。于是《我们的节气》一书中的思维导图有了孩子们的手迹，充满朝气，漂漂亮亮。"小插画师"和节气的对应关系分别是：高慕茞（立春），姬元戎（雨水），姬元亨（惊蛰），王子迈（春分），骆映含（谷雨），王曼伊（立夏），钱书涵（小满），李梓轩（芒种），宋嘉懿（夏至），王遇（白露），娄涵瑜（寒露），吕超伊（大雪），池明轩（冬至），王小曼（小寒），严天翊（大寒）。其他九个节气的导图绘制，以及"小插画师"画作的后期修改和提升，特别感谢俞露老师的辛勤耕耘。

这本书的定位是给中国孩子的沉浸式节气故事书。读着书里的故事，春天，你就是小燕子；夏天，你就是小胖墩；秋天，你就是小吃货；冬天，你就是熊孩子。

完成本书，我不由得感慨：大时代，跨界是必然。在文艺工作领域，团结就是力量，团结更有力量。——我这样说，不仅仅是指思维导图的创意到落实，也说的是"少年漫游传统文化"这个系列的未来，《我们的节气》是开端，接下来会有更多好看、好读的中国传统文化故事。

写书，每一本都是别致的漫游。这一次，更加别致，更加美妙。

我知道：我们，结伴的我们，在我心里，已构成了一道亮丽的风景线！我还知道：所有的相遇都是久别重逢。

多谢大家！

三耳秀才

2024 年 4 月

图书在版编目 (CIP) 数据

我们的节气 / 三耳秀才著；蒋恬力插画. — 杭州：
浙江人民出版社, 2024.4
ISBN 978-7-213-11427-4

Ⅰ . ①我… Ⅱ . ①三… ②蒋… Ⅲ . ①二十四节气—
少儿读物 Ⅳ . ①P462-49

中国国家版本馆CIP数据核字（2024）第063855号

我们的节气

三耳秀才 著　　蒋恬力 插画

出版发行：浙江人民出版社（杭州市环城北路 177 号　邮编　310006）
　　　　　市场部电话：(0571) 85061682　85176516
责任编辑：徐　婷
责任校对：姚建国
责任印务：幸天骄
封面设计：林乐欣　厉　琳
电脑制版：浙江新华图文制作有限公司
印　　刷：浙江新华数码印务有限公司
开　　本：710 毫米 ×1000 毫米　1/16　印　　张：9.5
字　　数：88 千字　　　　　　　　　　插　　页：2
版　　次：2024 年 4 月第 1 版　　　　印　　次：2024 年 4 月第 1 次印刷
书　　号：ISBN 978-7-213-11427-4
定　　价：38.00 元